全民防灾自救

应急图解

胡维勤 ◎主编

黑龙江科学技术出版社
HEILONGJIANG SCIENCE AND TECHNOLOGY PRESS

图书在版编目（CIP）数据

全民防灾自救应急图解 / 胡维勤主编 .—— 哈尔滨：
黑龙江科学技术出版社 ,2018.1
ISBN 978-7-5388-9196-6

Ⅰ . ①全… Ⅱ . ①胡… Ⅲ . ①灾害防治 – 图解②自救
互救 – 图解 Ⅳ . ① X4–62

中国版本图书馆 CIP 数据核字 (2017) 第 087920 号

全民防灾自救应急图解

QUANMIN FANGZAI ZIJIU YINGJI TUJIE

主　　编　胡维勤
责任编辑　曹健滨
策划编辑　深圳市金版文化发展股份有限公司
封面设计　深圳市金版文化发展股份有限公司
出　　版　黑龙江科学技术出版社
　　　　　地址：哈尔滨市南岗区公安街 70–2 号　　邮编：150007
　　　　　电话：（0451）53642106　　传真：（0451）53642143
　　　　　网址：www.lkcbs.cn www.lkpub.cn
发　　行　全国新华书店
印　　刷　深圳市雅佳图印刷有限公司
开　　本　720 mm×1020 mm　　1/16
印　　张　10
字　　数　128 千字
版　　次　2018 年 1 月第 1 版
印　　次　2018 年 1 月第 1 次印刷
书　　号　ISBN 978-7-5388-9196-6
定　　价　32.80 元

目录
CONTENTS

01 防灾救命常用知识

02　地质灾害及气象灾害救护

03　火灾及其他灾难救护

04 出行事故救护

05 家庭遇险救护

01

防灾救命
常用知识

地质灾害、气象灾害、交通事故等灾难具有突发性，只有在平时的日常生活中不断积累防灾常识，才有可能在专业救护人员赶来之前进行正确的自救。

以家庭为单位，建立应急方案

✚ 设置医药包、紧急避难箱

> 每个家庭都应准备医药包，并将一些必需的应急物品放置于紧急避难箱内，以备不测之灾。家庭可按照下列清单准备医药包及紧急避难箱中的用品。

医药包

· 家中或车里各准备一个医药包，并保证家中成员都清楚医药包的位置和使用方法。
· 如果进行户外活动，也应该随身携带一个医药包以备不时之需。
· 医药包要确保幼龄儿童不能打开。
· 定期更换药品，注意药品保质期。

医药包常用物品	
医用材料	医用棉花、医用酒精、四方形消毒纱布、绷带、胶布、剪刀、体温计、棉棒、安全别针。
外用药	碘酒、眼药水、烫伤药膏、跌打膏药、消炎止痛药膏、创可贴。
内服药	止泻药、退热片、救心丸、止痛片、抗生素、催吐药、胃药。
其他	消毒药水。

紧急避难箱

○ 水
· 储备家庭使用三天的水量，以每人每天 4 升的标准储存（2 升用来饮用，2 升供准备食物和清洁卫生）。若有儿童、老人、病人则需加量。
· 水须装在干净、密封、易携带的塑料瓶中。每 6 个月更换一次储备用水。

○ 食品
· 挑选不需冷藏、即开即食、少含或不含水分的固体食品，如饼干、面包、方便面等。
· 选择轻便易携带的食物。
· 为老人、幼儿和有特殊要求的人、宠物准备其需要的食品。

食品清单	
即食食品	罐装肉、鱼、水果和蔬菜（准备手工启罐器），罐装果汁、牛奶、汤（如果为粉状或固体，还要另外准备水）。
富含能量的食物	花生油、果冻、麦片、坚果、牛肉干、干果、食物条。
维生素和补品	维生素 C、维生素 E、促进免疫的药片、氨基酸等。
缓解痛苦或压力的食品	饼干、方糖、加糖的谷类、速溶咖啡、茶叶。
分类存放的调味品	糖、盐、胡椒粉。

○ 应急工具

· 简易灭火器（需定期更换）。

· 应急逃生绳：承重力不小于 1.96 千牛，绳直径为 25~30 毫米，外裹阻燃材料。

· 简易防烟面具：当遭遇火警或遇到其他有害气体侵害时，取出面具戴在头上。

· 其他工具：锤子、哨子、无线电收音机、电池、手电筒、针线、纸、笔、地图、多用刀、防水火柴、蜡烛、铁杯、纸巾、录音机、毛巾、迷你灶、手套、指南针、太阳镜。

○ 衣物

· 每位家庭成员至少备两套换洗衣物，以及轻便结实耐磨的鞋子和舒适的袜子。

· 帽子、手套、内衣。

· 毯子、睡袋、雨衣。

○ 卫生物品

· 个人卫生用品（牙刷、牙膏、梳子、刮胡刀等）。

· 塑料袋及塑料桶。

· 香皂、洗衣粉、卫生纸。

○ 特殊物品

· 婴儿用品：尿布、奶瓶、奶粉及所需医药。

· 大人用品：处方药、眼镜、隐形眼镜、假牙等。

· 娱乐用品：给孩子的书籍和无声的玩具。

· 重要的家庭文件（装在密封防水的容器中，注意备份）：

（1）备份的汽车钥匙、现金、驾照、信用卡。

（2）遗嘱、保险单、合同、股票和基金开户文件。

（3）护照、社保卡、病历卡。

（4）银行账户号码、房产证。

（5）信用卡的号码、公司和客户服务电话。

（6）家庭记录（出生证明、结婚证明、死亡证明等）。

（7）家庭所有成员的近期照片和宠物照片。

＼ 注意 ／

① 紧急避难箱须装在防潮的塑料袋或容器中，放在方便易取之处，并告知所有家庭成员。

② 每六个月更换一次储备的水和食物。按季节调整衣物，按保质期更换电池。每年重新整理和添减相关物品。

✚ 制作家庭避难地图、纸质联络卡

在灾难发生前做些简单而有用的准备，是我们保护自己、保护家人最好的行动。我们可以按照以下几个步骤来建立个人和家庭的应急计划。

家庭避难地图

每个家庭都需要建立一个家庭避难方案。首先，通过召开家庭会议，约定好一旦发生紧急情况，家庭成员相互之间失去联系时（如发生灾难时不在一处、手机信号中断等），可以共同前往的集合地点，并让每一位家庭成员都牢记约定好的地点。最适宜充当"家庭成员集合处"的地点有两处：

（1）选择一个离住址较近的安全地点，最好是离家最近的应急避难场所，如离家最近的公园、体育馆，并规定清楚具体方位，如公园某个亭子里、体育馆北门等。

（2）再选择一个本市交通便捷地作为"第二约定地点"，以备发生意外后难以到达离家近的应急避难所时使用。

其次，制作一份"家庭避难地图"，即在方格纸上画出一张简单的家庭房屋示意图，上面标示出如下内容：

· 家中大门的对应位置。
· 每个房间的位置，及每个房间的出口。
· 大型家具、可供避难的墙壁，以及灭火器所在的位置。
· 每个房间通往安全出口的路径。
· 在社区中，可供家人集合的位置。
· 社区每一个安全出口的位置。
· 从家到社区最安全的逃生路线。

纸质联络卡

灾难发生时，电子通信设备很可能无法使用，家庭成员也有可能因遭受意外陷入昏迷，因此可以提前建立一些纸质联络卡，以备不时之需。纸质联络卡的样式有以下几种：

○ 紧急联系卡

和第二代身份证大小一样，可放到卡包内、钱包内，或挂在脖子上。当意外发生时，通过它便能方便联系其家属及朋友，并可为营救者迅速提供年龄、血型、既往病史等重要信息，节约抢救时间。家中的老人和儿童尤其需要随身携带。该联系卡注意每年更新一次。

紧急联系卡			
姓名		性别	
出生年		血型	
过敏史			
其他需要说明的疾病			
紧急联系人	电话		所在地

○ **家庭紧急联络人卡**

在本市和外市各选择一位"家庭紧急联络人"。这样，事故发生时，失散的家庭成员可以通过此两位固定的联络人取得联系。

家庭紧急联络人卡		
项目	方案一（优选／市内）	方案二（次选／市外）
家庭成员集合处		
集合处电话		
集合处地址		
家庭紧急联络人		
联络人电话		

○ **家庭成员信息卡**

包括每位家庭成员的姓名、电话、工作单位或学校地址，以及常去的地方及其联系方式。

家庭成员信息卡				
成员名称	手机号码	公司／学校电话	公司／学校地址	备注
爸爸（×××）	1313529××××	010–3658××××	北京市朝阳区××路××公司	常去×××公园运动
妈妈（×××）	1392436××××	010–8746××××	北京市海淀区××路××公司	常去×××社区中心电话：010–2284×××
女儿（×××）	1350173××××	010–7321××××	北京市朝阳区××路××学校	补习班的地址、电话，常去的朋友家地址、电话、朋友父母电话
*家庭紧急集合地点：社区旁边的XX公园正门入口处				

完成以上工作后，在家庭会议中展开讨论，使家庭成员了解本地区和家庭周围经常发生或有可能发生的灾害事件，学习应对各种灾难的基本常识；积极寻找并排除家中的安全盲点；主动关注和参与社区安全普及活动，了解本地区、本社区的应急方案。

➕ 儿童应急方案

🧒 灾难前

· 制定家庭应急方案时，鼓励孩子共同参与。
· 让孩子随身携带纸质联络卡，记录个人和家庭联络人的信息。
· 教会孩子一些常用的应急方法，比如怎样拨打报警电话、急救电话等。

家长需要告知孩子的 8 件事
1. 什么是灾难。可举例说明身边可能发生的事件，如火灾、暴雨等。
2. 如果突然断水、断电或者电话失灵怎么办。
3. 识别常见的警示符号，如禁止通行标志、安全通道标志等。
4. 什么情况应该呼救，以及如何拨打报警电话、急救电话、父母的电话。
5. 初步易懂的急救技巧、灾难应对常识。
6. 告诉孩子灾难发生时将会有很多人帮助他们，让他们镇静等待援助。
7. 告诫孩子凡事都要听取父母的建议。
8. 提醒孩子千万不要轻信陌生人。

🧒 灾难后

· 和孩子交流，听取他们的心声。
· 尽量避免让孩子在电视中看到关于灾难发生的实景录像。
· 用适当的方式告诉孩子当前的灾难现状，以及家中下一步的打算。
· 在重建家园的过程中，鼓励孩子参与。
· 在接下来一段时间，抽出时间多陪孩子。
· 家庭尽快恢复日常的工作、学习、玩耍、吃饭和休息等活动。
· 通过亲戚朋友、学校老师等多方力量帮助孩子走出恐惧。

遭遇灾难后孩子会担忧什么？

· 灾难的再次发生。
· 亲人受伤或死亡。
· 自己会成为孤儿或者离开家庭。

如何判断孩子受到惊吓？

1. 婴幼儿通常会异常哭闹不止，渴望温暖的怀抱。

2. 学龄前儿童会变得异常依赖大人。

3. 儿童不能集中精力学习，莫名地担忧和恐惧。

4. 大龄儿童会选择异常的行为来表达自己的恐惧，如飙车、酗酒、嗑药等。

5. 有些孩子过于自闭，不愿意参加集体活动。

╲ 注意 ╱

① 家长应通过多种途径了解和密切关注孩子所在学校的信息，切勿不闻不问。
② 发生紧急情况时，学校通常是最佳庇护场所，为了自身和孩子的安全，家长不要匆忙去接孩子，待危险过后再去。

✚ 老人应急方案

确定固定救助人

选择三位身边的邻居、亲戚朋友作为紧急情况时老人的救助人。这三人需是老人信任之人，知晓老人的状况和需求，并能在最短的时间内提供帮助。

对老人进行个人评估

· 身体状况如何？
· 有哪些疾病？
· 生活能否自理？
· 饮食是否需要辅助工具？
· 精神是否健康？
· 是否需配备特殊的交通工具？

＼ 注意 ／

① 在老人的紧急联络卡上，加入医药数据、手术经历、心脏助搏器等重要医疗设备的型号等。
② 老人应与家人、邻居保持联络，如果有自己的应急计划，需及时告知家人朋友。
③ 残障人士应急方案可参考老年人。

更新信息及制订计划

· 将社区发布的信息及时告知老人，并帮助老人识别社区预警信号。
· 参加援助项目，在本社区登记老人的情况，便于灾难发生时专门人员上门服务。
· 让老人一起参与家庭应急方案的制定，在紧急避难箱中放入老人的常用药品，并为老人制作纸质联络卡。
· 确定老人房间的最佳逃生路线，并带老人一起进行逃生练习。
· 为老人手边准备方便叫人的电铃。

✚ 宠物应急方案

提前确定几个能在紧急情况下接收宠物的收容所，列出其名单（包括地址、电话），并确定在紧急状况下能帮忙照顾宠物的亲友。此外，养宠物的家庭需常备两个箱子：

○ 宠物箱
为每个宠物准备一个符合航空公司空运规定的宠物箱，放在家中，以备不时之需。

○ 宠物备用物品箱
准备一个宠物备用物品箱，以便在撤离住所时能够即刻带走，箱中的物品包括：

· 宠物的证件（附照片）或注册文件
· 颈圈、口罩、链带、毛毯
· 一次性食物盘、手动开罐器

· 预防针注射记录
· 足够的药品、净水、食物
· 消毒剂、毛巾、纸巾等清洁用品

日常生活安全常识

✚ 居家安全常识

起居安全

独自在家	·锁好防盗门。
就寝	·确认"五关"：水、电、燃气、门、窗。
有人敲门	·先观察后询问，若是陌生人，坚决不开门。 ·若是修理工上门，要确认是否事先约定，检查来者证件并仔细询问，确认无误后方可开门。家中需要修理服务时，最好有家人、朋友在家陪伴或告知邻居。 ·遇到陌生人在门口纠缠并坚持要进入室内时，可打电话报警，或者到阳台、窗口高声呼喊，向邻居、行人求援。
遗失钥匙	·应尽快通知家人，并视情况配换新锁。
重要证件	·银行卡、钥匙、身份证、名片等物品要分散放置，不要集中放在一个包里。 ·记录证件号码及服务电话。保留证件复印件。若不慎遗失应尽快电话挂失。
夜间返家	·到家之前要提前准备钥匙，不要在门口寻找。 ·迅速进屋，并随时注意是否有人跟踪或藏匿在住处附近死角。 ·尽量乘电梯，不走楼梯。 ·若发现可疑现象，切勿进屋，立刻通知警方。
日常外出	·确认"五关"，随身带钥匙，出门立即锁门。
外出旅游	·请朋友、邻居代为处理信件、报纸、小广告等，以免盗贼就此判断家中无人。 ·长期不在家，须拔掉电话连接线，并将门铃的电池卸下，以免长时间响铃暴露家中无人。

饮食安全

·不吃不新鲜的食物、变质食物、来路不明的食物、发芽或发霉的土豆和花生。

·注意食品保质期和保质方法。

·不自行采摘蘑菇和其他不认识的食物食用。

·加工菜豆、豆浆等豆类食品时，一定要充分加热。

·生、熟食品分开存放。

·保持厨房清洁。烹饪用具、刀叉餐具等都应用干净的布擦干擦净。

·处理食品前先洗手。

·动物身上常带有致病微生物，一定不要让昆虫、兔、鼠和其他动物接触食品。

·饮用水和厨房用水应保持清洁干净。若水不清洁，应把水煮沸或进行消毒处理。

一旦发生食物中毒的症状，必须立即采取以下措施：

（1）停食——立即停止食用中毒食品。

（2）清肠——如催吐、洗胃、清肠等。

（3）不擅自用药——如止吐药或止泻药。

（4）补水——喝水或静脉补液。

（5）了解共食者——了解与中毒者一起进餐的其他人有无异常。

（6）上报——报告给食品卫生监督检验部门。

（7）现场处理——保护现场，封存中毒的食品。

＼ 注意 ／

① 催吐进行得越早，毒物清理得越彻底。可以用圆钝的勺柄伸进嘴里，刺激咽喉。

② 催吐必须在患者清醒的状态下进行。如中毒者已昏迷，千万不要催吐，因为呕吐物有可能被吸入呼吸道，造成窒息。

✚ 外出安全常识

行路安全

· 随身携带本人信息卡，以便在自己发生意外时他人可以与家人取得联系。

· 外出前将自己的行程和大致返回的时间明确告诉家庭其他成员。

· 远离偏僻的街巷、黑暗的地下通道，最好结伴而行。

· 衣着须朴素，钱财勿露白。

· 不搭乘陌生人的便车，不接受陌生人的同行邀请。

遇拥挤安全

· 人群拥挤时不要好奇，应远离人群以保护自己。

· 切记与大多数人的前进方面保持一致，不要试图超过别人，更不能逆行。

· 若摔倒在地，应保持俯卧姿势，两手紧抱后脑，两肘支撑地面，胸部不要贴地，这是防止被踏伤最关键的一招。

· 当带着孩子遭遇拥挤的人群时，最好将孩子抱起来，避免在混乱中被踩伤。

野外安全

· 要穿运动鞋或旅游鞋，不要穿皮鞋，穿皮鞋长途行走脚容易磨出泡。

· 早晨夜晚天气较凉，要及时添加衣物，防止感冒。

· 准备充足的食品和饮用水。

· 不要随便采摘和食用不认识的野生蘑菇、野菜及野果，以免发生食物中毒。

· 晚上注意充分休息，以保证有充足的精力游玩。

· 游玩宜结伴而行，防止发生意外。

· 准备一些常用的治疗感冒、外伤、中暑的药品。

✛ 办公场所安全常识

🧑 独自在办公室

· 大楼楼梯间通常较为僻静，容易发生意外，因此，上下楼尽量使用电梯。

· 若常在某建筑物出入，应熟悉周边及楼内地形并了解安全设施的位置。

· 进入办公室后锁好大门，并检视屋内是否有人。告知大楼警卫自己所处楼层、办公室号码及电话号码。

· 若需外出，即使在短时间内返回，也应锁门。

· 清楚离自己最近的灭火器的位置，并能够独立使用。

· 晚上离开办公室时，临走之前确认是否已关闭所有的电灯、空调及其他电器的开关。

🧑 搭乘电梯

· 进入电梯前若发觉乘客可疑，则不要进入。

· 女性若单独搭乘电梯，应靠近控制板。如果电梯内有人袭击自己，迅速把每一层的电钮按亮，当电梯开门时立即逃生或大声呼救。

· 如果电梯运行中途上来可疑人物，应立即在下一次开门时离开。

碰到电梯意外时怎么办？

· 不要强行开门，以免带来新的险情。

· 通过警铃、对讲系统、手机或电梯轿厢内的提示方式进行求援，如电梯轿厢内有病人或其他危急情况，应告知救援人员。

· 如果没有电话,应拍门呼喊或脱下鞋子用鞋子拍门。如无人回应,则需镇定情绪,观察动静,保存体力,等待营救。

· 与电梯轿厢门或已开启的轿厢门保持一定距离，听从管理人员指挥。

· 在救援人员到达现场前不得撬砸电梯轿厢门或攀爬安全窗，不得将身体的任何部位伸出电梯轿厢外。

· 电梯坠落时，可背贴不靠门的一边，做抱头屈膝动作，以减轻电梯急停对身体所造成的不适或伤害。

🧑 使用洗手间

· 使用前不妨先巡视一遍，在人少的陌生场所更应注意观察，如附近是否有可疑的人。

· 女士宜结伴同行，或请男士在门外等候。

· 进入独立格子间前，先上下左右环视一遍，确定没有安全隐患再进入。

✚ 意外遇袭安全常识

偷盗、抢劫、凶杀等意外袭击是对社会治安的严重破坏，严重威胁市民安全。为防范此类恶性案件的发生，并在案发时最大限度地保护自身安全，应注意以下几点：

· 不露富：外出不带大量现金、贵重物品和重要证件。
· 行路警惕：走人行道，不要靠马路太近，提包等背在右侧。
· 保护自己：若遭遇飞车抢夺不要生拉硬夺，避免伤害自己。
· 迅速报警：记住不法分子及所乘用交通工具的特征，并尽快报案。

被歹徒盯上怎么办？

如果发生这些情况	你应该这样做
被跟踪	保持镇定，向商店、居民区等人多地带转移。要适时改变行走路线，甩掉跟踪者；也可用皮包或鞋触碰路边停靠车辆，以引起别人注意。
被纠缠	痛斥纠缠者，同时做好防御，跑向人多处。
被近距离袭击	攻击对方要害，如眼睛、腹部等，用有力量的部位出击，如手肘。
被歹徒从侧面抱住	用靠近歹徒的手猛击他的裆部，另一只手猛击肋部。
被歹徒抱起	用力咬歹徒的面部，如果手可移动，则用手抓歹徒眼睛。
歹徒索要钱包	不要直接递给他，而尽量扔远一点，利用歹徒捡钱包的时间迅速逃跑。
被丢进车子的后备箱	踢破车灯，把手从洞中伸出，用力挥，这样驾驶的人看不到，但其他人看得到，可协助报警。
歹徒有枪而你没有被控制	一定要逃跑，统计表明只有 4% 的歹徒会向逃跑的目标射击，而且很少击中要害。

在家遇到盗贼时怎么办？

· 如果独自在家时，要想办法让贼明白，家里马上就会有人回来。

· 尽量往外面跑，不要顾及家里的东西，也不要与歹徒搏斗，跑出去后马上报警。

· 想办法让邻居或过路人注意到自己家，比如到阳台上往下扔花盆、衣架等物。

· 如果附近没有人，就先不要大声呼叫，以免激怒盗贼，对自己不利。

＼ 注意 ／

① 在人多处遭遇袭击，一定要大声呼救。
② 近身搏斗，攻其要害。
③ 保命勿保财。
④ 外出（尤其是夜间）宜结伴而行。
⑤ 永远搭电梯，不要走楼梯。

常用应急号码及正确拨打方法

✚ "110"报警电话

除负责受理刑事、治安案件外，还接受群众突遇的、个人无力解决的紧急危难求助。如遇到各种自然灾害或交通事故，发现溺水、坠楼、自杀，老人、儿童或智障人员、精神疾病患者走失，以及水、电、气、热等公共设施出现险情或灾情等也可拨打"110"。

🖐 如何报警

可通过普通市话、投币电话、磁卡电话、手机等，不用拨区号，直接拨"110"三个号码，即可接通当地公安机关。在异地拨打案发地的"110"电话时，可先拨案发地区号，再拨"110"即可。电信部门免收报警人的电话费，投币、磁卡电话不用投币或插磁卡。

🖐 需要说清的内容

· 报警时要讲清案发时间、地点、方位。
· 留下自己的姓名和电话号码。
· 对于抢劫案件，说明作案人数、作案人特征及逃逸方向、作案人或群众是否受伤等。
· 报警后，要保护现场，保留物证。

✚ "119"火警电话

除救援火灾外，还参加其他各种灾难或事故的抢险救援工作。包括单位和群众遇险求助时的救援救助；建筑物倒塌事故的抢险救援；恐怖袭击等突发事件的应急救援；各种危险化学品泄漏事故的救援；空难及重大事故的抢险救援；水灾、风灾、地震等重大自然灾害的抢险救灾等。

🖐 需要说清的内容

· 起火的场所，如：民房、工厂、仓库、商场等。
· 燃烧物品，如：草垛、木材、液化气、电路等。
· 火场内是否有被困人员，现场是否有人受伤。
· 如遇山林火灾，要说明山火的火势，山上树木的疏密程度及大约过火面积。
· 如遇易燃易爆液体或气体泄漏，也要及时拨打"119"报警。
· 如果灾情发生新变化，要立即再次告知，以便调整应援部署。

✚ "120"急救电话

当遇到有人突发急症或受到意外伤害时,要立即拨打"120",以便获得急救中心、急救站或附近医疗机构的帮助,请专业人员前来进一步抢救。

需要说清的内容

· 伤病人的姓名、性别、年龄等。
· 伤病人的简要病情和受伤、发病时间,当前主要出现什么症状,有何病史。
· 已经采取了哪些现场急救措施,救治效果如何。
· 伤病人当前位置的详细地址、门牌号或楼号、单元、楼层、房间号。
· 约定好等候、接应救护车的确切地点。
· 留下联系人的电话,最好是随身携带手机的号码。
· 回答"120"受理台要了解的其他相关问题,并等待对方挂机之后,再结束通话。

打完电话还需做什么

· 不要随意搬动伤病人。
· 带上联系手机,前往约定好的地点接应救护车,见到救护车之后应主动上前接应。
· 保持联系手机畅通,千万不要占线。

✚ "122"交通事故报警电话

发生交通事故或交通纠纷时,可及时拨打"122"报警电话。交通事故造成人员伤亡时,应同时立即拨打"120",不要破坏现场和随意移动伤者。

需要说清的内容

· 准确报出事故发生的地点。
· 人员、车辆伤损情况。
· 肇事车辆的类型,如:大货车、小货车、客车、轿车等。
· 如果肇事车辆逃逸,尽量详细地说明车辆的特征、车牌号及逃逸方向等。
· 自己的姓名、年龄、住址及联系电话。
· 回答对方的问题,待对方挂机后再挂机。

注意

① 上述电话均免收电话费,投币、磁卡等公用电话可直接拨打,手机在锁机、欠费状态下也可直接拨打。
② 保持镇静,讲话要清晰、简练、易懂。
③ 发生一切紧急情况都可拨打"110"。
④ 为保证报警系统畅通有效,不可随意拨打无效或骚扰电话。

遇险如何求救

✚ 声响求救

除了喊叫求救外，还可以吹响哨子、击打脸盆、用木棍敲打物品、用斧头击打门窗或敲打其他能发声的金属器皿，甚至打碎玻璃等物品向周围发出求救信号。

✚ 闪照求救

夜间可使用手电筒。白天可利用一切能反光的物品，如镜子、罐头皮、玻璃片、眼镜、回光仪等。每分钟闪照 6 次，停顿 1 分钟后，再重复进行。

✚ 抛物求救

在高楼遇到危难时，可抛掷软物，如枕头、书本、空塑料瓶等，引起下面注意并指示方位。

✚ 烟火求救

在野外遇到危难时，连续点燃三堆火，中间距离相等。白天可燃烟（燃烧新鲜树枝、青草等植物产生浓烟），夜晚可点燃干柴，发出明亮耀眼的火光向周围求救。

使用烟火求救时，要注意以下几点：
· 发出信号要选择制高点，也可在山脊处竖立一个异乎寻常的物体，以吸引注意。
· 火堆的燃料要易于燃烧，点燃后要能快速燃烧。白桦树皮是十分理想的燃料。
· 汽油不可直接倾倒于火堆上。可用布料做灯芯带，在汽油中浸泡，然后放在燃料堆上，将汽油罐移至安全地点后再点燃。添油时，要确保汽油添加在没有火花或余烬的燃料中。
· 在白天，烟雾是良好的定位器，所以火堆上要添加散发烟雾的材料。浓烟升空后与周围环境形成强烈对比，易受人注意。
· 在夜间或深绿色的丛林中，亮色浓烟十分醒目。添加绿草、树叶、苔藓和蕨类植物都会产生浓烟。任何潮湿的可燃物都产生烟雾，潮湿的草席、坐垫可熏烧很长时间，同时飞虫也难以逼近伤人。
· 在雪地或沙漠中，黑色烟雾最醒目，橡胶和汽油可产生黑烟。
· 阴雨天时，烟雾只能近地表飘动，这时可以加大火势，使暖气流上升势头更猛，携带烟雾到一定的高度。

✚ 地面标志求救

在比较开阔的地面，如草地、海滩、雪地上可以制作地面标志。可利用树枝、石块、帐篷、衣物等一切可利用的材料与空中取得联系，如把青草割成一定标志，或在雪地上踩出一定标志。记住这几个单词的拼写和意思：SOS（求救）、HELP（请求帮助）、DOCTOR（需要医生）、WATER（需要水）、INJURY（有人受伤）、TRAPPED（我们被困住了）、LOST（我们迷路了）。

✚ 留下信息求救

当离开危险地时，要留下一些信号物，以便让救援人员发现，及时了解你的位置或者路径。一路上留下方向指示标，有助于营救者寻找你的行动路径，也有助于自己迷路时作为向导。

便于救援人员认出的常用方向指示器有：

· 将岩石或碎石片摆成箭头形。

· 将棍棒支撑在树杈间，顶部指着前往的方向。

· 在一卷草的中上部系上结，使其顶端弯曲指示前往方向。

· 在地上放置一根分叉的树枝，用分叉点指向前往方向。

· 用小石块垒成一个大石堆，在边上再放一小石块指向前往方向。

· 用一个深刻于树干的箭头形凹槽表示前往方向。

· 两根交叉的木棒或石头意味着此路不通。

· 三块岩石、木棒或木丛表示危险或紧急。

✚ 摩尔斯电码求救

用摩尔斯电码发出SOS求救信号，是国际通用的紧急求救方式。此电码将S表示为"…"，即3个短信号；O表示为"———"，即3个长信号。长信号时间长度约是短信号的3倍。这样，SOS就可以用"三短、三长、三短"的任何信号来表示。可以利用光线，如开关手电筒、矿灯、应急灯、汽车大灯、室内照明灯甚至遮挡煤油灯等方法发送，也可以利用声音，如哨音、汽笛、汽车鸣号甚至敲击等方法发送。

＼ **注意** ／

① 重复三次的行为一般象征寻求援助。

② 除了SOS外，国际性高山求救信号是一分钟发出6次哨音（或挥舞6次、闪耀6次），然后安静一分钟，再重复。

15

02

地质灾害及
气象灾害救护

地震、洪水、台风……当无法抗拒的灾难来袭，
或者遭遇雷电、冰雹、寒潮、雾霾等灾害性天气，
只有学会用正确的方法避难防灾，才能保护生命安全。

地震

⚠️ 地震刚发生时，该怎么办？

· 如果时间来得及，拿取紧急避难包，从安全的通道迅速逃离现场；如果来不及逃离，则及时躲避到安全区域。

❌ 这样做是不对的！

· 不寻找安全通道就往外跑，有可能被跌落的异物砸中头部。

· 躲避到不稳定的空间，或钻进床下或任何狭小的空间。

👧 快速避难的 3 个要点

要点 1 立即蹲在较坚固的桌子旁，抓紧桌角，或者背靠墙、抱头掩护。

要点 2 主震结束后，观察建筑物损毁情况，若须撤离，立即带上紧急避难包撤离现场。

要点 3 前往离家最近的应急避难场所（一般为公园、体育馆等）或者与家人事先约好的紧急集合地点。

地震逃生需要因地制宜

在北方地区的平房，房间里有土炕、条柜，周围没有高大建筑，因此可就近躲避在土炕、条柜旁，或紧急撤离。如果居住在楼房，最好不要立即离开房间，应先就近避震，可躲避在暖气管道周围，一旦被困，管道内的存水可延长生命，还能通过击打暖气片求救。如果在马路旁边或宽阔的空地，可以抱住一颗大树，树根能使地基牢固，树冠可以防范落物。

❗ 躲避地震，可以选择哪些场所？

· 蹲在支撑力较大而自身稳固性好的物体旁边，如铁皮柜、立柜、暖气片、大器械旁边，最好选择有承重墙的空间。

· 若位于电梯间或楼梯间，可在电梯门所在的墙边或楼梯间靠墙（较抗震的"剪力墙"），抱头蹲低。

❌ 千万不能选择的躲避场所！

· 离炉灶、煤气管道、家用电器近的地方。

· 离水源较远的地方。

🖐 其他注意事项

1　地震发生时，切勿搭乘电梯逃离。如果正在电梯中，立即按下最近楼层，尽快走出电梯。

2　乘坐汽车时遭遇地震，乘客应抓牢扶手，同时降低重心，躲在座位附近，护住头部，紧缩身体并做好防御姿势，待地震过去后再下车。如果汽车在立交桥上，应迅速步行下桥躲避。

3　在学校、剧院、商场等公共场所遇到地震，切忌慌乱拥向出口，可先在桌子、椅子、舞台边躲避，主震过后再依次迅速撤离。

⚠ 开车遇到地震，该怎么办？

· 立即减缓车速，把车开到较为空旷、没有掉落物的地方停下，用抱枕、杂志等护住头部，等待地震过去。

✖ 这样做是不对的！

· 加快车速驶离，可能因为路面塌陷或突然有坠落物造成更大的事故。

· 没有及时把车移动到不会被掉落物袭击的地方。

🐰 在高架桥上遭遇地震，可依 4 个步骤进行避难

步骤1　立即将车减速，开向道路两边。
步骤2　熄火，将车停在路边，待在车内等待震动结束，注意保护头部。
步骤3　主震结束后，立即驶离高架路段。
步骤4　开下高架路段后，移至最近的空旷场所，等待可能发生的余震。

未雨绸缪，保证行车安全

　　平时可在车内随手能够到的地方放少量的水及不易变质的食物（饼干等），不要放在后备箱中，以免紧急事件发生时无法下车取用。在车内放一两本较厚的杂志及软质靠垫，关键时刻可以保护头颈，避免砸伤。寻找安全的停车地点时，注意避开电线杆、路灯、烟囱、高大建筑物、立交桥、玻璃建筑物、大型广告牌、悬挂物、高压电设施、变压器等。

⚠ 震感结束后，可以马上回屋吗？

· 在屋外等一段时间，确认余震已经结束后，仔细检查房屋的梁、柱、墙壁等有无裂缝和塌落的可能，再回到屋内。

✖ 这样做是不对的！

· 没有确认余震是否结束，以及建筑物是否受到严重损害，就立即回屋。

· 发现房屋受损后，没有找专业人员进行鉴定和维修。

🔥 地震发生时，房屋内还存在 3 种安全隐患

隐患 1 正在燃烧的炉火。若正在烹煮东西，要立即关闭火源，再就地躲避。

隐患 2 煤气和电。在不影响避难时间的情况下，顺手关闭煤气总闸和电闸，以免在地震时发生失火、煤气泄漏等"二次灾害"。

隐患 3 发胶、杀虫剂等遇到明火极易爆炸的家用品。平时应放置在远离火源、电源的地方。

万一被压埋可这样自救

如果在地震中被压埋，要设法避开身体上方不稳固的悬挂物或其他危险物品，用手边的砖石、木棍等支撑住有可能倒在身体上的墙壁。尽可能搬开身边的杂物，扩大活动空间，但需谨慎挪动，防止周围杂物再次倒塌。切勿使用已经破损的电源、水源以及明火。如闻到异味，设法用湿衣物捂住口鼻。尽量保存体力，听到救援人员的声音再呼救。

洪水

❗ 收到洪水预警，迅速准备转移！

- 通过广播、电视、手机等收到转移通知后，服从当地政府或社区的安排，带上重要财产和紧急避难包，有序地进行转移和撤离。

✖ 这样做是不对的！

- 收到洪水预警后，未及时储备食物、水及准备逃生工具。

- 紧急救生时，还在考虑带什么东西走，错过逃生时机。

选择室内避水时，应做好4项准备

准备 1　备足速食食品或蒸煮够食用几天的食物，准备足够的饮用水和日用品。将衣被和御寒物放在家里的最高处。

准备 2　为通信设备及备用电池充足电。

准备 3　扎制木排、竹排，搜集木盆、木板、大件泡沫塑料等适合漂浮的材料。

准备 4　在室内进水前，及时拉断电闸，以防触电。打雷时要注意避雷。

避难场所宜选高处

洪水来临时的避难所，一般选在距家最近、地势较高、交通较方便的地方。城市避水相对较容易，可选择高层建筑的楼顶，地势较高的学校、医院、公园等地。应及时、果断地选择高处避难。

🔲 被洪水围困，应积极寻求生机！

· 用绳子或被单等物将身体与树木、烟囱等固定物绑在一起，以免被洪水冲走。

· 利用通信工具寻求救援。无通信条件时，可制造烟火、挥动颜色鲜艳的衣物、集体同声呼救。

✖ 千万不能这样自救！

· 企图游泳逃生，冒然跳入水中。

· 攀爬有可能带电的电线杆、铁塔，或爬到泥坯房的屋顶。

🙂 其他注意事项

1　发现高压线铁塔倾倒、电线低垂或断折，不可触摸或接近，防止触电，要尽力远离该区域。

2　如果房屋不够坚固，出现裂隙，并不断增大，要及时撤离，以免房屋倒塌时被砸伤。

3　在爬上木筏之前，一定要试试木筏能否漂浮稳定，并带上食品、发信号用具（如哨子、手电筒、鲜艳的床单）、划桨等。

4　如突然被卷入洪水中，一定要尽可能抓住固定的或能漂浮的东西。

5　注意躲避毒虫、毒蛇等其他危险物。

❗ 遭遇山洪，逃生方向很重要！

· 在山区，一旦遭遇暴雨，要立即提高警惕。山洪出现时，立即离开山谷，向山脊方向奔跑避洪。

❌ 这样做是不对的！

· 在危岩和不稳定的巨石下躲避暴雨或山洪。

· 企图涉水过河，有可能被突然到来的山洪冲走。

在山区游玩或居住，应警惕以下 3 点

警惕 1 在山区行走和中途歇息中，应随时注意场地周围的异常变化和自己可以选择的退路、自救办法，一旦出现异常情况，应迅速做出反应。

警惕 2 居住在山洪易发区或冲沟、峡谷、溪岸的居民，每遇连降大暴雨时，必须提高警惕，尤其是晚上，如有异常，立即撤离。

警惕 3 山洪爆发时还要注意防止山体滑坡、滚石、泥石流的伤害。

> **山洪灾害多发期谨慎出行**
>
> 山洪是指山区溪沟中发生的暴涨洪水，具有突发性、水量集中、破坏力强等特点，较一般的洪水更为凶猛。汛期在 4~9 月份，主汛期在 6~8 月份，是山洪灾害多发期。这个时间段最好不要去山洪多发的山区游玩，一旦发生暴雨应立即撤离。

⚠ 水灾过后，勿忘防疫！

从灾区被疏散、营救出来之后，在解决基本生活保障的同时，切勿忘记"大灾之后要防大疫"。洪灾后，水源遭到污染，饮用水的卫生难以得到保障。要预防肠道传染病，如霍乱、伤寒、痢疾、甲型肝炎等。人畜共患疾病和虫媒传染病也极易发生，如钩端螺旋体病、流行性出血热、血吸虫病、疟疾、流行性乙型脑炎等。皮肤病也不容忽视，如浸渍性皮炎、虫咬性皮炎、尾蚴性皮炎等。为了防止疫病，室外、室内、被洪水泡过的汽车等都需要彻底消毒。具体可从以下几方面展开防疫工作：

1. 彻底清理室内外环境

不仅流入室内的污物要清理，还要对室内地面、墙壁、家具进行消毒。同时清除居处周围的污泥、垃圾，疏通沟渠，填平洼坑，翻缸倒罐清理死角。汽车内外及轮胎也应仔细消毒。

2. 清洗饮用水系统

损坏的自来水设施要抓紧修整，蓄水池、水井要掏洗干净，并用漂白粉进行消毒。家庭水缸可投放漂白粉精片或明矾进行杀菌、沉淀。生水需煮沸后再饮用。

3. 加强饮食卫生管理

洪水后将出现高温，食物易变质。洪水期间保存的食品也易霉变。尤其是溺死的禽畜肉更易变质。因此，务必吃新鲜饭菜，并煮熟、煮透。去正规渠道买肉，防止买到溺死的禽畜。

4. 处理好动物尸体

对洪灾造成的动物尸体，要及时进行消毒并深埋在 1.5 米以下。掩埋点须选在地势高、远离水源处。此外，要做好灭蚊、灭蝇、灭鼠工作，减少蚊蝇孳生。

5. 隔离传染病人

如果发现有人已患上传染病，要就近报告防疫部门，以便于及时处理，防止疾病蔓延扩散。

台风

⚠ 台风来了，该做些什么？

· 通过电视、收音机、电脑、手机等密切关注有关该台风的最新讯息。取消或延迟台风当天的航班及户外活动，积极准备防灾工作。

✗ 这样做是不对的！

· 无视台风警报，执意进行户外活动。

· 虽然在屋里躲避台风，但待在玻璃窗户附近。

居家防台风，做好 3 个准备

准备 1 确认门窗是否稳固，确认家中所有的下水道是否通畅。

准备 2 为防止突然停水、停电，应提前贮备够 1~2 天的食物（包括无需烹饪的干粮）、饮用水，以及手电筒、电池、蜡烛、火柴，并为手机和备用电池充满电。

准备 3 一旦家中淹水，立即拉断电源总闸，关好煤气。

采购防灾储备品适量即可

台风来得快去得也快，对于普通居民的影响时间一般在 2~3 天。有些人在台风来临之前，由于心理紧张的关系，容易过度采购，买到很多不需要的物品。这样易导致吃不完的新鲜食物变质，造成浪费。建议准备全家人 3~4 天的食物量即可。

❗ 防台风记住几个"小动作"！

· 将门窗进行密封和固定，大片玻璃可用宽胶带贴上"米"字。

· 拆除或固定室内外的悬吊物，如鸟笼、吊兰花盆等，避免因大风而掉落伤人。

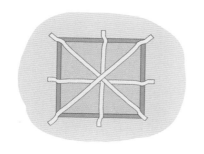

✖ 千万别做这些"动作"！

· 发现家中淹水后继续使用电器。

· 台风眼经过时出现短暂的"雨过天晴"，以为台风已过境，准备外出。

台风天户外行走注意3点

1 台风天如果不得不外出，要穿上轻便、防水的鞋子和颜色鲜艳、紧身合体的衣裤。扣好或用带子扎紧，减少受风面积。

2 穿好雨衣，戴好雨帽，如果沿途的大树较多，最好带上头盔，以免被断落的树枝砸伤头部。同时不要靠近高压线、铁塔。

3 尽可能抓住栅栏、柱子或其他稳固的固定物，一步一步地走。经过窄桥或高处时，最好伏下身爬行，以免落水或被刮倒。

❗ 爱车泡水了，如何处理？

爱车即使停放在地势较高的户外或地下车库，也有可能因台风带来的暴雨而被水淹。发现车辆被淹后，不可盲目处理，需根据淹水对车辆的相对高度，采取不同的处理方法。

情况 1：淹水高度小于车辆轮胎的 1/4

在不开启冷气的状态下，驱车离开淹水区域。到达安全区域后，轻踩刹车，再踩油门，反复进行，行驶约 200 米，这样可以让刹车鼓内的泥水流干净。最后再轻踩刹车数次，让系统回稳即可。

情况 2：淹水高度约为车辆轮胎的 1/2

车子内部可能已进水，此时不可发动引擎。可以叫拖车将车辆移动至修车厂进行检查，检查部位包括引擎、变速箱、差速器、行车电脑等，并对轮轴及刹车系统进行详细的检查和清洗。

情况 3：淹水高度达车辆轮胎的 3/4 以上

车辆内部已经进水，千万不可发动引擎。此时应先将电瓶正负极桩头线拔掉，以防引起短路，再联系修车厂拖回处理。请专业人员详细检查车辆内部各类油品、电子元件、管网线路系统、引擎、变速箱、轮轴、刹车系统等，更换进水部位的零件，清理线头、保险丝、电器开关等，并进行防锈处理。

❗ 淹水后的消毒工作，你做对了吗？

· 用消毒液对家具进行清洁，将所有的厨具煮沸消毒。检查木质家具是否变形并除渍，清理积水的花盆、水箱、水桶并消毒。

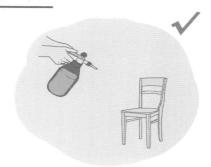

❌ 这样做是不对的！

· 被污水浸泡过的物品，用清水冲一冲就拿来用。

· 打开水龙头后未确认水质是否清澈就煮沸饮用。

😊 消毒清洁时，勿忘自我保护

重点1 进行消毒清洁前，先保护好自己，戴上手套、口罩，穿上高筒雨鞋，避免在消毒过程中受伤或感染。

重点2 清洁时，切勿混用多种清洁剂，以免其相互间产生化学反应，对人体造成伤害。

重点3 遇到较难自行清理的部分，如水塔或蓄水池，要请专业人员前来处理。

警惕台风"暴露"有毒物品

台风极具破坏性，有时会将一些家庭生活用品中的有害物质"暴露"出来，比如某些化学药品、含有丙酮的化学制剂，以及刹车油等。这些有毒物质可能污染土壤、水源、空气，必须及时收集并在特定的地方销毁，以防危害健康。

龙卷风

⚠ 龙卷风来时在家里，该做什么？

· 拉断家里的电源总闸。躲到地下室或远离门、窗、外围墙壁的小房间，抱头蹲伏，用床垫或厚毯子盖在身上。

✖ 这样做是不对的！

· 躲避到有门、窗或附近有重物的大房间。

· 跑到电梯中、楼房上层，或慌忙逃出室外。

🌀 关于龙卷风，需知晓的 3 个常识

常识1　龙卷风常发生于夏季的雷雨天气，尤以下午至傍晚最为多见。其持续时间不长，一般为几分钟，最长不超过数小时。

常识2　龙卷风的风力非常大，中心附近风速可达 100~200 米 / 秒，破坏力极强。

常识3　在龙卷风出现前，天气特别闷热潮湿，人会感到沉重压抑。

龙卷风多发于哪些地区？
　　龙卷风主要发生在 20°~50° 的中纬度地区，我国大部分地区都有龙卷风的踪迹。平均每年不足 100 个，且多集中在我国东部地区，以江苏、上海、安徽、浙江及山东、湖北、广东等地相对较多。

❗ 龙卷风来时在户外，该怎么办？

· 朝与龙卷风前进路线垂直的方向快跑。

· 迅速找到低洼地趴下，脸朝下，闭嘴、闭眼，用双手、双臂保护住头部。

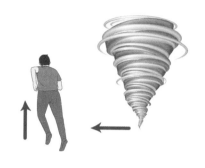

❌ 千万别这样躲避！

· 抱住大树、电线杆，或趴在其附近。

· 躲进汽车里。汽车对龙卷风几乎没有防御能力。

😊 其他注意事项

1 在户外躲避龙卷风时，一定要克服"想当然"的心理。记住：越空旷的地区才越安全。周围的物体不但起不到遮蔽作用，还有可能被风卷起后把人砸伤。

2 躲避的姿势应尽量降低重心，最好趴在地上，脸朝下，并用一些厚衣物盖住身体。

3 如果遇到龙卷风来时正在汽车中，应尽快下车躲避，实在来不及下车时可以脸朝下趴在方向盘上，用双臂抱住头部。

4 如果附近有混凝土建筑，快速进入该建筑的底层进行躲避。但切勿躲进任何不坚固的建筑内。

雷暴

⚠ 收到雷暴预警，该做什么？

· 将放在室外的物品加固或挪进室内，关闭门窗，拔掉电源插头，准备电池供电的收音机。推迟户外活动，提前处理好事务，在雷暴发生时不使用电话及手机。

✖ **这样做是不对的！**

· 待在一间开阔区域单独的屋棚或其他小建筑内。

· 在家洗澡，打固定电话、手机，或使用带有外接天线的收音机、电视机。

🤔 雷雨天放雷击，须知 3 个要点

要点1 见闪电后必须立即进入室内，最后一声雷响过后 30 分钟内留在室内。

要点2 赤脚站在水泥地上很危险，胶底鞋或橡胶轮胎也不能抵御闪电。

要点3 在路上避雷雨时不要靠近孤立的高楼、电线杆、烟囱、房角房檐，更不能站在空旷的高地上或到大树下躲雨。

谨防家中的雷击隐患

除了拔掉所有电器插头，不使用固定电话、手机、电脑之外，在雷击发生时，不宜接近建筑物的裸露金属物，如水管、暖气管、煤气管等，更应远离专门的避雷针引下线。有条件的家庭最好安装家用电器过电压保护器（又名避雷器）。

⚠ 雷暴发生时在室外，怎样避险？

身处环境	躲避要点
在树林里	躲避在低洼处生长茂盛的小树下。
在开阔地	关闭手机；远离金属物品（拖拉机、农具、摩托车、自行车、高尔夫球车及高尔夫球棒等）；躲避在低处，如山涧或峡谷；小心突发的洪水。
在开阔水域	立即上岸并找到躲避处。
在汽车里	关好车门、车窗。
多人在一起	彼此隔开几米远，不要挤在一起。
高压电线遭雷击落地时	近旁的人必须高度警惕，逃离时双脚并拢，跳着离开危险地带。
感到头发立起来（无论身在何处）	团身蹲下，双手抱头藏在两膝之间，使自己尽可能成为最小的目标，并减少与地面的接触；切勿平躺在地面上。

有人被雷电击中了，如何救助？

雷电对人体的危害要比触电严重得多。一旦发现有人被雷击，必须争分夺秒地抢救。遭雷击被烧伤或严重休克的人，身体并不带电（除非其身体接触有电线等），此时要保持镇静，可按下列方法实施救助：

（1）立即拨打"120"急救电话，寻求专业医疗人员的帮助。

（2）若伤者神志清醒，呼吸心跳均正常，应将其转移到附近避雨避雷处平卧，并严密观察，暂时不要站立或走动，防止继发休克或心力衰竭。

（3）对于呼吸、心跳停止的重伤者，应迅速使伤者仰卧，并不断地做人工呼吸和胸外心脏按压，直至其呼吸、心跳恢复正常，或医护人员前来接管为止。

（4）如果伤者被雷电击伤后自高空跌下，要注意是否发生外伤、骨折，如发生要及时进行止血、包扎、固定。伤者发生头部及脊柱损伤时，不要随意移动伤员。

（5）对于受雷击而烧伤的伤员，应迅速扑灭其身上的火，建议立即送医处理，不要擅自涂抹药膏或用不干净的敷料包敷。

＼ 注意 ／

雷击伤员往往会出现失去知觉、呼吸和心跳暂停的"假死"现象，这时千万不要以为已停止呼吸和心跳就是无救了，在未完全证实患者已经死亡之前，不应停止人工呼吸和心肺复苏术，直至医务人员赶到现场。

冰雹

❗ 收到冰雹预警，该做什么？

· 将室外的物品（花盆等）转移到室内，关好门窗。勿随意出行，直到预警解除。

❌ 这样做是不对的！

· 既没有把车停在车库里，又没有给车买保险。

· 在高楼烟囱、电线杆或大树底下躲避冰雹。

冰雹来了，3种职业要注意

职业1 学校的老师。幼儿园、中小学的老师应立即暂停学生的户外活动，将其安置在教室内。

职业2 户外作业人员。如果正在户外施工作业，要立即停工，暂时到安全的室内躲避，不要独自躲入孤立棚屋、岗亭等不安全的建筑物中。

职业3 司机。如果正在行车，千万不要加速，以免增加冰雹的撞击力，可将车开到最近的地下车库。若只能停车躲避，应坐到后排，并打开双闪灯。

防冰雹也要防雷电

冰雹发生时，往往伴随雷电大风天气，因此防冰雹的同时也要做好防雷电、大风的工作。

尽量待在安全的室内，拔掉所有电源插头，雷电发生时不要使用电话。

⚠ 关注冰雹预警信号，做好防灾准备！

冰雹预警信号分二级，分别以橙色、红色表示。不同的信号提示了冰雹预计发生的时间及强度，有助于人们提前做好防御措施。

冰雹橙色预警信号

6 小时内可能出现冰雹伴随雷电天气，并可能造成雹灾。

防御措施：

1 政府及相关部门按照职责做好防冰雹的应急工作。
2 气象部门做好人工防雹作业准备并择机进行作业。
3 户外行人立即到安全的地方暂避。
4 驱赶家禽、牲畜进入有顶蓬的场所，妥善保护易受冰雹袭击的汽车等室外物品或者设备。
5 注意防御冰雹天气伴随的雷电灾害。

冰雹红色预警信号

2 小时内出现冰雹伴随雷电天气的可能性极大，并可能造成重雹灾。

防御措施：

1 政府及相关部门按照职责做好防冰雹的应急和抢险工作。
2 气象部门适时开展人工防雹作业。
3 户外行人立即到安全的地方暂避。
4 驱赶家禽、牲畜进入有顶蓬的场所，妥善保护易受冰雹袭击的汽车等室外物品或者设备。
5 注意防御冰雹天气伴随的雷电灾害。

如何获得冰雹预警信号

· 拨打电话向当地气象台咨询。
· 通过电视、广播、报纸、互联网、手机短信等获得预警信息。
· 察看冰雹预警信号警示装置，如警示牌、警示旗、警示灯等。
· 登陆气象网站查询。

冰雹发生有前兆

1. 感冷热。湿气大，中午太阳辐射强烈，造成空气对流，易产生雷雨云而降雹。

2. 看云色。雹云的颜色先是顶白底黑，而后云中出现红色，形成白、黑、红的乱纹云丝，云边呈土黄色。

3. 听雷声。雷音很长，响声不停，声音沉闷，像推磨一样，就会有冰雹。

高温

❗ 高温天气，如何避免身体不适？

· 10:00~16:00 不要在烈日下外出运动；必须外出时要打遮阳伞、穿浅色衣服、戴宽沿帽。保证睡眠，暂停消耗体力的工作。大量出汗后及时补水补盐。

❌ **这样做是不对的！**

· 进行户外活动或室内大型集会。

· 感到身体不适时未及时采取降温措施。

高温来临前，可做好 3 项准备

准备 1 安装降温设备，如电扇、空调等，必要时进行隔热处理。但不要长时间停留在空调房内，也不能长时间直接对着头或身体某一部位吹电扇。

准备 2 在窗和窗帘之间安装临时反热窗，如具有铝箔表面的硬纸板。早晨或下午能进太阳光的窗子用窗帘遮好。

准备 3 准备防暑降温的常用药品（如清凉油、十滴水、人丹等），并储备适量的饮用水。

高温下的心理自救

持续高温会对人的心理造成影响，使人焦虑、烦躁、抑郁，这时要在心理上接受自然气候的复杂性，保证作息规律、睡眠充足，多关心亲友，转移注意力，如有必要及时找心理医生诊疗。

⚠ 中暑了，该怎样急救？

人体在长时间的高温作用下，身体的体温调节功能有可能出现障碍，导致水、电解质代谢紊乱及神经系统功能损害，从而发生中暑。中暑是一种可威胁生命的急症，会引起抽搐、永久性脑损害、肾脏衰竭甚至死亡，必须及时处理。

名称	症状	急救措施
晒伤	皮肤红痛，可能肿胀，有水泡；发热或头痛。	·用肥皂洗去可能阻塞毛孔的油脂。 ·用干的、无菌的绷带敷在水泡上并到医院治疗。
痉挛	突发疼痛痉挛，尤其是腿和腹部肌肉；大量出汗。	·将伤者挪至凉爽处。 ·轻轻舒展肢体并按摩。 ·每 15 分钟喂一口至半杯凉水。 ·若患者想呕吐，停止喂水。
中暑	大量出汗而皮肤发凉，面色苍白或发红；脉搏微弱；体温有可能保持正常或升高；昏迷或头昏眼花，呕吐，疲惫无力或头痛等。	·让其在凉爽处躺下。 ·解开或脱去衣服。 ·准备浸过凉水的布。 ·如果患者意识清楚，每 15 分钟慢速喂少许水。 ·如果患者呕吐，停止喂水，立即寻求医疗帮助。
其他急性疾病	体温高达 40℃以上；皮肤红、热、干；脉搏快而微弱；呼吸快而微弱；有可能失去意识。	·拨打"120"急救电话或立即送往医院。 ·将患者移至凉爽环境中。 ·脱去衣服。 ·试着用海绵或者湿巾擦拭患者身体以降温。 ·关注患者呼吸情况。 ·使用电扇或空调。

🙍 高温天气，注意防火

高温期间也是火灾的多发期，居民要注意防范周围容易起火的潜在隐患：

1 电器起火。应注意使电器的通风口保持畅通，防止元器件受潮腐蚀；经常检查电热器具的绝缘导线线芯；对新增加电器要注意总用电量是否超过电线的安全电流值；及时更换残旧超龄的电线。

2 燃气起火。严禁擅自拆除、改装、迁移、安装城市燃气设施和燃气器具；在发现室内城市燃气设施或者器具损坏、泄漏时，应当立即关闭阀门、开窗通风，不得启动电器设备和动用明火，并及时向城市燃气供应单位报修；使用液化石油气的单位和居民不要把气罐放在太阳下暴晒，应放置在阴凉干燥处保存使用。

3 汽车起火。夏季高温，一些汽车电源线路老化发生短路，或汽车超负荷装载，造成发动机温度升高，加之天气酷热，发动机通风设备不好，从而引起汽车自燃。因此，广大车主应当定期检查车辆，进行保养，采用不燃材料或阻燃材料进行车内装饰，车上要常备车载灭火器。

寒潮

❗ 收到寒潮预警，该做什么？

- 准备防寒衣物, 检查暖气设备, 注意为汽车、室外设备防冻。尽量留在室内, 不开车外出。注意收听天气预报及紧急状况警报。

✔

✖ 这样做是不对的！

- 没有做好防寒措施就进行户外活动。

- 在寒潮期间单独开夜车, 疲劳驾驶。

应对寒潮, 应注意 3 个要点

要点1 如手指、脚趾、耳垂及鼻头失去知觉或出现泛苍白色, 应立即采取急救措施或就医。

要点2 使用暖水袋或热宝取暖时, 不可长时间接触身体的同一部位, 小心低温烫伤。

要点3 注意饮食规律, 多喝水, 避免过度劳累, 以免因身体的免疫力降低而感染风寒。

寒潮来袭, 老年人要注意保暖

寒潮是突然性的急剧降温, 对身体会造成一定的刺激作用。老年人热平衡能力较差, 交感神经受寒冷刺激后, 兴奋度增高, 全身皮肤表层毛细血管收缩, 使血流阻力增大, 导致血压升高。此外, 低温容易使老年人的血管收缩, 引发心脑血管病。因此, 老年人一定要在寒潮之前做好充分的保暖工作。

❗ 被暴风雪困在车内，该怎么办？

· 尽量留在车内，发出求救信号。夜间要打开车里的灯，以便救援人员及时发现。

· 每小时开动发动机和加热器 10 分钟以取暖，注意同时要稍打开背风窗以保证空气流通。

❌ 千万不要这样做！

· 汽车被困在高速路上，没有及时打开危险信号灯。

· 不注意节约用电，使电量很快用尽。

👧 寒潮不是普通的降温

1　寒潮是来自极地或寒带的寒冷空气，像潮水一样大规模地向中、低纬度的侵袭活动，可造成急剧降温，常伴有大风、雨、雪，也会出现冰冻、沙尘暴、暴风雪天气，对农牧业和交通运输造成严重危害，还会损害人们的健康，引发冻伤以及呼吸道、心血管疾病等。

2　寒潮的预警信号分为蓝色（24 小时内最低气温将要下降 8℃以上）、黄色（24 小时内最低气温将要下降 10℃以上）、橙色（24 小时内最低气温将要下降 12℃以上）、红色（24 小时内最低气温将要下降 16℃以上）四个等级，降温幅度依次增大，其平均风力均可达到 6 级以上。

雪灾

⚠ 收到雪灾预警，该做什么？

· 准备充足的衣物、室内取暖设备、食物、水，关好门窗，老、幼、病、弱人群不要外出。

✕ 这样做是不对的！

· 当成普通的下雪，出门拍照、游玩。

· 靠近或未及时离开有可能发生雪崩的山区。

🍲 **增强身体的御寒力，多吃 3 类食物**

食物 1 富含蛋氨酸的食物，如芝麻、葵花籽、乳制品、酵母、叶类蔬菜等。蛋氨酸可通过转移作用，提供一系列适应耐寒所必需的甲基。

食物 2 富含维生素 A、维生素 C 的食物，如动物肝脏、胡萝卜、深绿色蔬菜、新鲜水果等。可提高人体对寒冷的适应能力，并对血管具有良好的保护作用。

食物 3 富含钙质的食物，如牛奶、豆制品、海带等，可提高机体的御寒能力。

应对雪灾，从我做起

　　准备好扫雪工具，积极参与居处附近的道路扫雪、融雪工作；外出时要采取防寒和保暖措施，若冰冻严重，尽量别穿硬底鞋和光滑底的鞋，并给鞋套上旧棉袜；了解机场、高速公路、码头、车站的停航或者关闭信息，及时调整出行计划。

⚠ 道路结冰，出门要小心！

　　地面温度低于0℃或大雪过后路面常出现积雪或结冰现象，极易发生交通事故或行人摔伤。气象部门会提前发布道路结冰预警信号，分为黄色、橙色、红色三级。

道路积冰预警信号系统	
道路结冰黄色预警信号	12 小时内可能出现对交通有影响的道路结冰。
道路结冰橙色预警信号	6 小时内可能出现对交通有较大影响的道路结冰。
道路结冰红色预警信号	2 小时内可能出现或者已经出现对交通有很大影响的道路结冰。

🌀 此时出门需要注意以下几点

1　驾车出行，一定要慢速，主动避让、保持车距、少踩刹车、服从交警指挥并注意看道路安全提示。

2　给自行车等非机动车轮胎稍许放点气，可增加轮胎与路面摩擦力，能起到防滑作用。

3　行人要特别注意远离广告牌、临时建筑物、大树、电线杆和高压线塔架；路过桥下、屋檐等处，要小心观察或者干脆绕道走，因为从上面掉落的冰凌在重力加速度作用下杀伤力不次于刀剑。

道路结冰时的行车技巧

　　起步或行驶过程中禁止猛抬离合器和急加速，应稳定油门匀速驾驶；避免猛打方向盘；控制车速不要太快，车辆须减速时应采用换低挡的方法，充分使用发动机制动。尽量少用刹车，若必须时要采用点刹的方式；适当加大车距，注意行车安全。

大雾

❗ 大雾来了，怎样自我防护？

· 尽量不要外出，必须外出时要戴口罩；驾车减速慢行，打开雾灯；做好航班有可能暂停的准备。

✔

✖ 这样做是不对的！

· 在大雾中进行体育锻炼，如跑步、踢球等。

· 过马路时，没有仔细看清来往车辆。

🕶 大雾天出行，应注意 3 个要点

要点 1 年老体弱者，心血管、呼吸道疾病患者以及幼儿应减少外出，避免发生意外或使病情加重。

要点 2 大雾不仅会导致能见度大大降低，还会使路面湿滑，应特别注意行路安全。

要点 3 在大雾天发生踩踏、落水等意外不容易及时被人发现，因此乘车船时要保持秩序，不要拥挤或滞留在车门、渡口。

大雾不等于"水汽"

据科学家测定，雾滴中含有各种酸、碱、盐、胺、酚、尘埃、病原微生物等有害物质，其比例比通常的大气水滴高出几十倍。这种污染物对人体的危害以呼吸道最为显著，还可能诱发心绞痛、心肌梗死、心力衰竭等。因此尽量不要在雾中行走，更不要在雾中健身。

❗ 避免意外，大雾天慎出行！

当水平能见度小于 500 米时，习惯上称为大雾或浓雾天气。大雾天气给城市交通运输带来严重影响，也常引发空气污染，不利于人体健康。

大雾预警信号系统	含义	防御措施
大雾黄色预警信号	12 小时内可能出现能见度不足 500 米的浓雾，或者已经出现能见度在 200~500 米之间的浓雾并且可能持续。	1. 驾驶人员注意浓雾变化，小心驾驶。 2. 机场、高速公路、轮渡码头注意交通安全。
大雾橙色预警信号	6 小时内可能出现能见度不足 200 米的浓雾，或者已经出现能见度在 50~200 米之间的浓雾并且可能持续。	1. 浓雾使空气质量明显降低，居民需适当防护。 2. 由于能见度较低，驾驶人员应控制速度，确保安全。 3. 机场、高速公路、轮渡码头采取措施，保障交通安全。
大雾红色预警信号	2 小时内可能出现能见度不足 50 米的强浓雾，或者已经出现能见度不足 50 米的强浓雾并且可能持续。	1. 受强浓雾影响地区的机场暂停飞机起降，高速公路和轮渡临时封闭或者停航。 2. 各类机动交通工具采取有效措施保障安全。

🙆 大雾天行车 8 个注意事项

1 提前检查。出门前将挡风玻璃、车头灯和尾灯擦拭干净，检查车辆灯光、制动等安全设施是否齐全有效，并随车携带三角警示牌或其他警示标志以防万一。

2 限速行驶。当能见度小于 200 米大于 100 米时，时速不得超过 60 千米；能见度小于 100 米大于 50 米时，时速不得超过 40 千米；能见度小于 30 米时，时速应在 20 千米以下。

3 不要用远光灯。遵守灯光使用规定：打开前后防雾灯、尾灯、示宽灯和近光灯。

4 适时靠边停车。如果雾太大，可以将车靠边停放，同时打开近光灯和应急灯。

5 勤用喇叭。当听到其他车的喇叭声时，应当立刻鸣笛回应，提示自己的行车位置。两车交会时应按喇叭提醒对面车辆注意，同时关闭防雾灯，以免给对方造成眩目感。

6 保持车距。在雾中行车应该尽量低速行驶，尤其是要与前车保持足够的安全车距。

7 切忌盲目超车。如果发现前方车辆停靠在右边，不可盲目绕行，要考虑到此车是否在等让对面来车。超越路边停放的车辆时，要在确认其没有起步的意图而对面又无来车后，适时鸣喇叭，从左侧低速绕过。

8 不要急刹车。在雾中行车时，一般不要猛踩或者快松油门，更不能紧急制动和急打方向盘。如果认为确需降低车速时，先缓缓放松油门，然后连续几次轻踩刹车。

雾霾

⚠ 收到雾霾预警，该做什么？

· 更改出行计划，将室外活动改为室内活动。提前采购需要的食物、口罩等，减少在雾霾天外出的机会。

✖ 这样做是不对的！

· 不把雾霾预警当回事，遇到雾霾仍然频繁外出。

· 家里没有防尘口罩，出门不做任何防护。

雾霾时自我保护的 3 个要点

要点1 少外出。对于不是非进行不可的室外活动及出行，最好改期或取消。

要点2 多防护。人人都需要多加防护，如戴口罩、使用空气净化器等。

要点3 勤关注。雾霾的出现是可以预测的，平时应勤关注所在城市的天气，看未来几天是否有雾霾预警，以及何时解除预警，以便提前制定出行计划。

早晨运动吸入的有害物最多

雾霾天气时，空气中的 PM2.5 污染物和细菌较多，尤其是在清晨，由于缺乏紫外线和风，雾霾天时清晨的空气质量往往是一天中最低的。晨练时，人体需要的氧气量大大增加，随着呼吸的加深，空气中的 PM2.5 污染物和细菌等有害物质会大量进入呼吸道，对健康危害极大。因此，遇上雾霾天，最好暂停户外锻炼，改为室内运动。如果需要进行室外运动，应选择中午时进行。

! 抵御雾霾，要长几个"心眼"！

雾霾时如何为家里通风换气

即使是在雾霾天，家里依然需要通风换气，因为厨房的油烟、家具中释放的有毒物质等同样会危害健康。通风换气最好选择中午阳光最强烈的时候，持续时间以20~30分钟为宜。

选择合适的室内空气净化器：

· 必须保证室内空气达到一定的换气次数，国际标准是适用面积里每小时换气5次。
· 一次净化效率（CADR）必须比较高。
· 带有HEPA滤网（高效微粒空气过滤膜），能过滤和吸附0.3微米以上的污染物。
· 需考虑房屋空间，一般来说体积较大的净化器净化能力更强。
· 根据房间格局选择空气净化器，如进出口风选择360°环形设计的还是单向进出风的。

口罩应如何挑选及佩戴

不同类型的口罩对PM2.5的阻挡效果不一样。职业防尘口罩（如N95、KN90）对PM2.5的阻挡效率高达97%以上；医用外科口罩的阻挡效率在80%左右；普通的多层棉纱口罩的阻挡效率约为30%。

佩戴口罩时需注意以下几点：

· 职业防尘口罩和医用外科口罩会对呼吸造成一些阻碍，不适宜体弱人群，尤其是心、肺疾病患者佩戴。
· 选择口罩一定要贴合脸型，不能让口罩和脸颊之间留有缝隙。
· 职业防尘口罩和医用外科口罩使用2~3次后就需更换新的。
· 多层纱布口罩每次使用后都要及时清洗和消毒。

及时做好清洁，减轻污染物对身体的伤害

在雾霾天气外出时，皮肤、鼻腔、口罩上都会黏附较多的PM2.5污染物，如果不及时加以清除，会对身体健康造成危害。因此在外出回家后，应立即进行"雾霾清洁三部曲"：

1 清洗脸部及所有裸露的皮肤。
2 用棉签蘸清水或淡盐水清洗鼻腔。
3 及时清洗口罩，并用热水烫洗消毒，在阳光下晾晒干。

❗ **雾霾天出行，注意行车安全！**

· 时刻向其他车辆提示自己的位置，
如打开车灯。保持低速行驶，能见
度越低，车速越慢。

❌ 这样做是不对的！

· 不开车灯，只顾看别的车，忘了别的
司机可能看不见自己的车。

· 看不清前方路况时仍然继续行驶。

👧 雾霾天行车必须记住的 3 个要点

要点 1　打开车灯。至少要打开示廓灯，向其他车辆提示自己的位置。如果能见度非常差，
就要打开前、后雾灯。

要点 2　不开车窗。在雾霾天气行车，尽量不要打开车窗通风。

要点 3　选好车道。如果是单向三条车道，尽量行驶在中间的车道，以防道路两边如果出
现情况，方便及时处理。

雾霾天驾车切勿开远光灯

　　雾霾天行车，打开雾灯、示廓灯或近光灯，雾很浓时打开双闪灯，但别开远光灯！远光灯
的光线高挑，光轴偏上，射出的光线会被雾气反射，在车前形成白茫茫一片，使对向行驶的驾驶
员视线模糊，容易酿成事故。

⚠ 雾霾预警的三个等级，你记住了吗？

霾黄色预警信号

霾黄色预警信号：预计未来 24 小时内将出现中度霾，易形成中度空气污染。

PM2.5 浓度：150~250 微克 / 米^3。

能见度：小于 3000 米。

防御措施：

1. 空气质量明显降低，人员需适当防护。
2. 机动车驾驶人员应当小心驾驶。
3. 一般人群适量减少户外活动。呼吸道疾病患者尽量减少外出，外出时可戴上口罩。

霾橙色预警信号

霾橙色预警信号：预计未来 24 小时内将出现重度霾，易形成重度空气污染。

PM2.5 浓度：250~500 微克 / 米^3。

能见度：小于 2000 米。

防御措施：

1. 空气质量差，人员需适当防护。
2. 机动车驾驶人员应当小心驾驶。
3. 一般人群减少户外活动，儿童、老人、呼吸道疾病患者及其他易感人群应尽量避免外出，外出时应当戴上口罩。

霾红色预警信号

霾红色预警信号：预计未来 24 小时内将出现严重霾，易形成严重空气污染。

PM2.5 浓度：大于 500 微克 / 米^3。

能见度：小于 1000 米。

防御措施：

1. 排污单位采取措施,控制污染工序生产,减少污染物排放。
2. 停止室外体育赛事；幼儿园和中小学停止户外活动。
3. 停止户外活动，关闭室内门窗，等到预警解除后再开窗换气；儿童、老年人和易感人群留在室内。
4. 尽量减少空调等能源消耗，驾驶人员减少机动车日间加油，停车时及时熄火，减少车辆原地怠速运行。
5. 外出时戴上口罩；尽量乘坐公共交通工具出行，减少小汽车上路行驶；外出归来，立即清洗唇、鼻、面部及裸露的肌肤。

沙尘暴

⚠ 沙尘暴来了，该做什么？

· 关好门窗，可用胶条对门窗进行密封。尽量不出门，身处危险地带或危房里的居民应转移到安全地方。

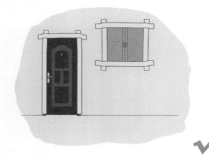

✓

❌ 这样做是不对的！

· 不戴口罩、纱巾就出门。

· 购买露天的食品。

👤 居民防沙尘暴，应注意 3 个要点

要点 1 特别注意收听天气预报，尤其是春季时生活在北方的居民。

要点 2 春季风大时多喝水，多吃清淡食物，避免身体的免疫力下降。

要点 3 骑车、开车要减速慢行，远离树木、广告牌及危险的建筑。

沙尘暴危害多多

　　沙尘暴出现时天空混浊，一片黄色，对航空、交通运输及牧业生产影响很大，并危害人们的健康。携带细沙粉尘的强风可直接摧毁建筑物及公用设施，并造成人畜伤亡或罹患呼吸道及肠胃疾病。沙尘暴还会以风沙流的方式造成农田、渠道、村舍、铁路、草场等被大量流沙掩埋，对交通运输造成严重威胁，同时导致土壤风蚀，生态环境恶化。

! 了解沙尘暴，做好防范细节！

沙尘暴按照其强度可划分为四个等级：

沙尘暴级别	风速	能见度
弱沙尘暴	4~6 级	500~1000 米
中等强度沙尘暴	6~8 级	200~500 米
强沙尘暴	9 级以上	50~200 米
特强沙尘暴 （或黑风暴，俗称"黑风"）	瞬时最大风速大于 25 米 / 秒	小于 50 米，甚至为 0

关于沙尘暴的 4 个"关键字"

"墙"：几乎所有的沙尘暴来临时，都可以看到风刮来的方向上有黑色的"风沙墙"快速移动，越来越近。远看风沙墙高耸如山，极像一道城墙，是沙尘暴到来的前锋。

"黑"：强沙尘暴发生时由于刮起9级以上大风，能将石头和沙土卷起，浓密的沙尘铺天盖地，遮住了阳光，使人在一段时间内看不见任何东西，就像在夜晚一样。

"翻"：刮黑风时靠近地面的空气很不稳定，下面受热的空气上升，周围的空气流过来补充，使空气携带大量沙尘上下翻滚不息，形成无数大小不一的沙尘团在空中交汇冲腾。

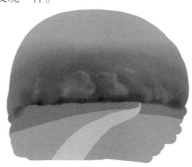

"彩"：风沙墙的上层常显黄至红色，中层呈灰黑色，下层为黑色。上层发黄发红是由于上层的沙尘稀薄、颗粒细，阳光能穿过沙尘射下来之故。而下层阳光几乎全被吸收。

沙尘肆虐，我们还能做些什么？

1 沙尘暴已经发生时，居民应及时关闭好门窗，以防止沙尘进入室内。室内应使用加湿器、洒水或用湿拖布拖地等方法清理灰尘，保持空气湿度适宜，以免尘土飞扬。

2 从风沙天气的户外进入室内，应及时清洗面部，用清水漱口，清理鼻腔。

3 呼吸道疾病患者、对风沙比较敏感人员不要到室外活动。

4 沙尘天气一旦有沙尘吹入眼内，不要用脏手揉搓，应尽快用清水冲洗或滴眼药水，保持眼睛湿润易于尘沙流出。如仍有不适，应及时就医。切勿使劲揉眼，以免眼角膜被划伤。近视患者不宜佩戴隐形眼镜。

5 沙尘天气空气比较干燥，应多喝水，多吃水果。

海啸

⚠ 海啸来了，抓紧时间逃命！

· 接到海啸警报立即切断电源，关闭燃气，迅速撤离海边区域。停在港湾的船舶和航行的海上船只立即驶向深海区，不要停留在港口、回港或靠岸。

✖ 这样做是不对的！

· 因顾及财产损失而丧失逃生时间。

· 海水异常退去时把鱼虾等海生动物留在浅滩上，跑去捡鱼或看热闹。

🐾 出现下面 4 个前兆，请以最快的速度离开海边

前兆1　地面强烈震动。由海洋地震引起，地震波会先于海啸到达近海岸。

前兆2　海水突然暴涨和暴退。海水涨退的速度比平时快很多，幅度也大很多。

前兆3　出现"水墙"。在距离海岸不远方海面，海水忽然变成白色，在他的前方出现一道长长的水墙，并伴有巨大的隆隆声。

前兆4　海面上冒出很多白色气泡，并发出"滋滋"的声响。

海啸逃生，一要快，二要高

从海啸的前兆出现，到具有强大破坏力的巨浪袭来，长则几分钟，短则几十秒，要想生存，应该赶快逃生，几乎没有时间去顾及财产损失，否则有可能被巨浪吞没。逃生的方向是远离海岸的方向，尽可能往高处跑，千万别往地势低洼处跑。

❗ 海啸凶猛，镇定自救互救！

  海啸通常由震源在海底下 50 千米以内、里氏震级 6.5 以上的海底地震引起。海啸在外海时由于水深，波浪起伏较小，不易引起注意，但到达岸边浅水区时，巨大的能量使波浪骤然升高，形成内含极大能量、高达十几米甚至数十米的"水墙"，冲上陆地后危害极大，往往造成生命和财产的严重损失。

  海啸的发生有两种形式：一是滨海、岛屿或海湾的海水反常退潮或河流没水，而后海水突然席卷而来、冲向陆地；二是海水陡涨，突然形成几十米高的水墙，伴随隆隆巨响涌向滨海陆地，而后海水又骤然退去。

不幸落水时，应保持镇定，记住以下几点，积极逃生自救：

- 尽量抓住木板等漂浮物，避免与其他硬物碰撞。
- 不要举手，不要挣扎，尽量不要游泳，能浮在水面即可。
- 海水温度偏低时，不要脱衣服。
- 不要喝海水。
- 尽可能向其他落水者靠拢，积极互助、相互鼓励。
- 尽力使自己易于被救援者发现，如挥舞颜色鲜艳的衣物、多人同时高声呼救等。

- -

🗣 海啸过后如何抢救落水者

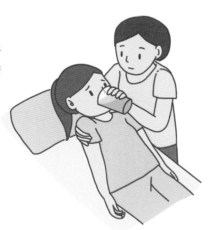

- 及时清除溺水者鼻腔、口腔和腹内的吸入物。将溺水者的肚子放在施救者的大腿上，从其后背按压，将海水等吸入物倒出。
- 如果溺水者心跳、呼吸停止，须立即交替进行口对口人工呼吸和胸外心脏按压。
- 如果受了外伤，立即采取止血、包扎、固定等急救措施；重伤员要及时送往医院。
- 为落水者披上被、毯、大衣等保温，或使其浸入温水中恢复体温；不要局部加温或按摩。
- 给落水者适当喝些糖水，但不要让落水者饮酒。

泥石流

⚠ 泥石流来了，该怎么办？

· 发现有泥石流迹象，迅速向沟谷两侧山坡或高地跑，千万不要沿着沟向上或向下奔跑。逃生时抛弃重物，并用衣物护住头部。

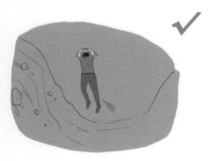

✗ 这样做是不对的！

· 停留在低洼处，或攀爬到树上躲避。

· 躲在有滚石和大量堆积物的山坡下面。

泥石流来临有前兆，出现 3 种情况需谨慎

前兆 1　山间路上有塌下的泥石，斜坡、挡土墙或路面上出现下陷或新的大裂痕。

前兆 2　深谷或沟内传来类似火车轰鸣或闷雷般的声音，忽然变得昏暗，并伴随着轻微的震动感。

前兆 3　河流突然断流或水势突然加大，由清澈转为泥浊，并夹杂着较多的杂草、树枝。

去山地宿营注意防泥石流
　　去山地游玩要注意收听当地天气的预报，不在暴雨之后或持续阴雨天气进入山区。宿营时，要选择平整的高地作为营地，避开河（沟）道弯曲的凹岸或面积狭小、高度低的凸岸。不要在沟道处或沟内的低平处搭建宿营棚。

！山区居民，夏季谨防泥石流！

泥石流是一种包含大量泥沙石块的固液混合流体。常发生于山区小流域。

泥石流爆发过程中，常常伴随着山谷雷鸣、地面震动、浓烟腾空、巨石翻滚，浑浊的泥石流沿着料峭的山涧峡谷冲出山外，堆积在山口。

由于突发性、凶猛性、迅时性及冲击范围大、破坏力度强等特点，泥石流常给人们的生命及财产安全带来严重的威胁。

一般情况下，泥石流的发生有 3 个条件：
1 大量降雨。
2 大量碎屑物质。
3 山间或山前沟谷地形。

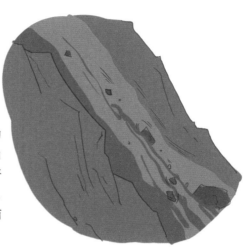

我国是泥石流的高发区，常发生严重的泥石流灾害。黄土高原、天山、昆仑山等山前地带及太行山、长白山泥石流危害都很严重。我国的台湾省也经常有泥石流发生。因此，山区居民平时要学会如何预防泥石流，从而尽可能地减少受灾的程度。

- -

泥石流的预防措施

1 房屋不要建在沟口和沟道上。绝大多数沟谷都有发生泥石流的可能。因此，在村庄选址和规划建设过程中，房屋不能占据泄水沟道，也不宜离沟岸过近；已经占据沟道的房屋应迁移到安全地带。

2 不能把冲沟当作垃圾排放场。在冲沟中随意弃土、弃渣、堆放垃圾，将给泥石流的发生提供固体物源。当弃土、弃渣量很大时，可能在沟谷中形成堆积坝，堆积坝溃决时必然发生泥石流。

3 保护和改善山区生态环境。一般来说，生态环境好的区域，泥石流发生的频度低、影响范围小；生态环境差的区域，泥石流发生频度高、危害范围大。可在村庄附近营造一定规模的防护林。

4 雨季不要在沟谷中长时间停留。雨季穿越沟谷时，先要仔细观察，确认安全后再快速通过。一旦听到上游传来异常声响，应迅速向两岸山坡或高地方向逃离。泥石流多发区居民要注意自己的生活环境，熟悉逃生路线。

崩塌、滑坡

❗ 发生坍塌或滑坡，怎样逃命？

· 行人应立即离开岩土滑行道，向两边稳定区逃离；汽车应迅速离开有斜坡的路段。无法继续逃离时，应迅速抱住身边的树木等固定物体。

❌ **这样做是不对的！**

· 沿着岩土体向上方或下方奔跑。

· 慌乱中躲在不稳定的危岩下。

崩塌和滑坡有前兆，警惕以下 4 种异常

前兆1 断流泉水复活，或泉水、井水忽然干涸。

前兆2 山区原有的裂缝区突然扩张，有冷气或热气冒出。

前兆3 听到岩石开裂或被挤压的声音。

前兆4 动物表现出异常的惊恐，植物发生变形。

躲避崩塌和滑坡，需增强防范意识

强降雨期间不要在靠近山坡的房内居住，有上下楼的尽量在楼上居住，处于地质灾害危险区的居民尽量临时避让，迁居他处，待天气晴好 3~5 天后再返回居住。户外运动爱好者切勿在危岩下避雨、休息和穿行，不攀登危岩。夏汛时节去山区峡谷郊游，要事先收听天气预报。

❗ 有人被山泥掩埋，该怎么办？

· 保持镇定，先将滑坡体后缘的水排开，再从滑坡体的侧面开始挖掘救人。如无法保障自身安全，不要随便尝试救人。

· 立即通知有关部门携带适当的工具进行救援。

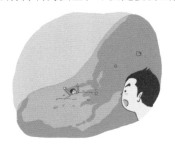

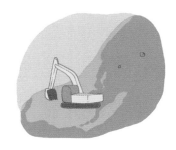

❌ 千万不要这样做！

· 在崩塌或滑坡未结束时返回救人，使更多人发生伤亡。

· 没及时请求专业人员的帮助，错过最佳救援时机。

小心危险的"二次崩塌""二次滑坡"

1. 崩塌是岩土体的突然垂直下落运动，经常发生在陡峭的山壁。过程表现为岩块顺山坡猛烈翻滚、跳跃、相互撞击，最后堆积在坡脚，形成倒石碓。

2. 滑坡是岩土体在重力作用下，沿一定的软弱面整体或局部向下滑动的现象。发生破坏的岩土体以水平位移为主，除滑动体边缘存在为数极小的崩离碎块和翻转现象之外，其他部位相对位置变化不大。

3. 崩塌和滑坡有时会连续发生，即在崩塌或滑坡结束后，还有可能在短时间内发生"二次崩塌"或"二次滑坡"。因此在崩塌或滑坡刚刚结束时切勿掉以轻心，更不可贸然返回危险区。只有确认崩塌或滑坡已经完全过去才可返回，最好听从专业救援人员的安排。

火山喷发

▮ 遭遇火山喷发，怎样逃命？

- 迅速跑出熔岩流的路线范围，用衣物护住头部，用湿布护住口鼻；如果有护目镜，应立即戴上。逃到安全区后，要脱去衣物，彻底清洗暴露的皮肤，并冲洗眼睛。

✖ 这样做是不对的！

- 只防熔岩，没有防护火山灰，使肺部、眼睛、皮肤受到损害。

- 逃生后没有立即清洗掉粘在皮肤、眼角膜上的火山灰。

火山喷发有前兆，出现 3 种异常应迅速撤离

前兆 1　地下发出噪声，感到地在震动，火山上冒出缕缕蒸汽。

前兆 2　出现刺激性酸雨、很大的隆隆声；附近的河流散发出硫黄味道。

前兆 3　生物出现异常，包括植物褪色、枯死及小动物的行为异常、死亡等。

驾车逃离火山难度大

火山喷发时会喷出"火山灰"，他是细微的火山碎屑，由岩石、矿物和火山玻璃碎片组成，直径小于 2 毫米。如果选择驾车逃离火山，那么一定要注意火山灰可使路面打滑，这会大大降低逃生的速度。当火山的高温岩浆逼近时，要果断弃车，尽快爬到高处躲避岩浆。

⚠ 火山喷发的"六个应对"，你知道吗？

火山喷发是一种严重的地质灾害，从公元1000年以来，全球已经有几十万人死于火山喷发。火山喷发造成的灾害是多样性的，需要从以下六个方面来应对：

1. 应对熔岩危险

在火山的各种危害中，熔岩流可能对生命的威胁最小，因为人们能跑出熔岩流的路线。当看到火山喷出熔岩时，要迅速跑出熔岩流的路线范围。

2. 应对火山喷射物危险

火山喷射物大小不等，从卵石大小的碎片到大块岩石的热熔岩"炸弹"均有，能扩散到相当大的范围。如果火山喷发时，恰好身处火山附近，这时应快速逃离，并应戴上头盔或用其他物品护住头部，防止火山喷出的石块等砸伤头部。

3. 应对火山灰灾害

火山灰有很强的刺激性，且伴随着有毒气体，会对肺部产生伤害。当火山灰中的硫黄随雨而落时，硫酸会大面积、大密度产生，会灼伤皮肤、眼睛和黏膜。因此务必戴上护目镜、通气管面罩或滑雪镜以保护眼睛，并用一块湿布护住嘴和鼻子。

4. 应对气体球状物危害

火山喷发时会有大量气体球状物喷出，以每小时160千米以上的速度滚下火山。这时可以躲避在附近坚实的地下建筑物中，或跳入水中屏住呼吸半分钟左右，球状物就会滚过去。

5. 应对电磁干扰

地球上的火山在爆发时，会辐射出大量的强电粒子流。这种带电粒子束会影响火山周围电子设备的正常工作，使电子钟表的计时出现误差。此时要避免使用电子设备。

6. 应对泥石流

火山喷发可能诱发泥石流，对此，可采用"泥石流避险逃生方案"应对。

03

火灾及其他
灾难救护

火灾是日常生活中最常见的灾难之一，
如何在火灾中正确逃生，已成为现代人的必学技能。
化学事故、传染病、恐怖主义等也是现代社会的"新灾难"。

火灾

❗ 火灾刚发生时，我能做些什么？

火灾刚发生时，应该先灭火，还是先逃命？

1. 如果火势已较大，应快速离开现场，同时拨打"119"火警电话，并沿路通知附近的居民一起逃生。

2. 若是火源初期（火焰尚未烧到天花板上），可迅速取得就近的灭火器，在确保逃生通道通畅的前提下，站在上风处先进行灭火。

3. 如果找不到灭火工具，或火势蔓延过快，应放弃灭火，尽快逃生，并第一时间报警。

如何选择逃生通道？

1. 由于浓烟上升的速度大于奔跑的速度，所以火灾逃生时尽量"向下避难"。除非火势或浓烟已经蔓延到楼梯，则不能向下逃生，但更不能往上跑，而应关上房门挡住浓烟，寻找第二个楼梯或其他逃生通道。

2. 当火焰已窜到楼梯，又无其他楼梯或通道可以逃生时，应"就地避难"。用湿毛巾尽量塞进门缝以挡住浓烟，用湿毛巾捂住口鼻并低蹲，等待消防员的救援。

3. 如果火灾发生时身处地下室，这时应立即向上避难。

4. 逃生时，为了防止吸入浓烟，也要用湿毛巾捂住口鼻，低姿逃跑。如果没有湿毛巾，可用领口或袖口遮住口鼻。

火烧到身上，记住"停—躺—滚"三步

火苗烧到身上时，正确的做法有三步：第一，立即在原地停止动作，避免助长火势；第二，原地躺下，双手护脸，若双手着火，则将双手平贴大腿；第三，立即左右翻滚，直到身上的火苗熄灭。在整个过程中，切忌奔跑及拍打火苗，也不可张大嘴巴呼吸或大喊大叫，以免高温气体进入呼吸道，进而灼伤呼吸道与肺部。

⚠️ 10 秒钟学会使用干粉灭火器

楼房中一般都配备有干粉灭火器,但你知道如何正确使用吗? 牢记三字口诀"拉—拉—压"或四字口诀"拉—瞄—压—扫",这样在实际操作中能避免慌乱而出错。

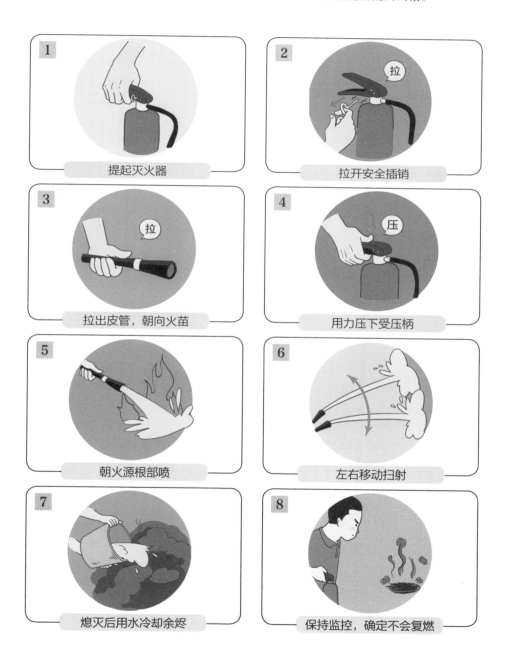

！ 家用电器起火，怎么办？

电器在使用过程中，电线老化、插座积渍、短路、用电过度等原因均可能引发起火，电器起火的危险性在于，如不及时处理，有可能发生爆炸、触电等其他威胁生命的意外。以下几点务必做到：

1. 迅速拉断电源总闸，以免发生更大的灾难。不要直接去拔插头，因为插头和插座有可能因损伤而发生漏电。

2. 用干粉灭火器、二氧化碳灭火器扑救，切忌使用水或泡沫灭火器来扑灭电器上的火，这样很容易触电。

3. 如果没有灭火器，可以用干棉被将火苗压住，也可以用干沙子或者干泥土进行压埋。

4. 若无法控制火势，应立即逃离现场，顺路告知邻居一起撤离，并迅速拨打"119"火警电话。

危险！用电器的"坏习惯"你有几个？

1. **从来不拔插头，也不清理插头上的污渍。** 插头两极之间如果有大量的污渍，加上空气中水分的作用，便可能因为绝缘性降低导致两极之间通电，产生火花，进而形成火源。

2. **购买无"防过载保护"的旧式插座，并经常使插座处于过载状态。** 购买和使用插座时，要看清其可承受的电流限量，在实际使用时，能承受的电流可能还会略小于这个量，因此切忌过载。将电器的功率除以电压（国内为220V），即为使用该电器时插座上承受的电流量，将每种电器的电流量相加，其数值不可超过插座的电流限量。

3. **家里的保险丝烧断后，随便换根更粗的保险丝。** 保险丝熔断是用电过量的警告，此时应减少用电。如果换用更粗的保险丝，即使发生短路也不能及时熔断，更易引起着火。

4. **电热水器没有专用保险丝座。** 电热水器容易发生漏电、着火事故，为了安全，应在其专用线路上配置电流大小合适的保险丝座，以防线路太细而接触不良，导致意外。同时，还应经常检查其自动调节装置是否损坏，以免因为过热引起爆炸和火灾。

5. **随意购买和使用"长明灯"。** 家中若需设置24小时不断电的"长明灯"，要避免购买电线过于细长的产品，并经常检查电线是否有脆化、裂化的情况发生；应选择LED灯泡，不要使用旧款灯泡。

! 油锅起火，怎么办？

　　使用厨房时，油锅起火是最常见的意外之一。很多人都知道油锅起火时可以用锅盖灭火，但常因紧张或经验不足发生以下三种危险状况：

1　下意识用水灭火。
2　虽然立即用锅盖盖住了火苗，但太快掀起锅盖，或者锅盖的尺寸不合适，导致火无法被扑灭，甚至使火势更大。
3　灭火器放置在离厨房较远的位置，来不及取用。

针对以上三点，平时要特别注意：
1　切记不可用水灭火。
2　平时应使用符合油锅规格大小的锅盖。
3　灭火器放在客厅中离厨房较近的地方，最好备两个灭火器，将其中一个放在厨房门口。

油锅起火时，为什么不能用水灭火？
　　油锅起火时若直接用水灭火，水会因受热转化为水蒸气，气体迅速膨胀约 1700 倍，且油脂可能会附着于水蒸气上，容易造成邻近人员皮肤烫伤。而且油本身比水轻，光用水很难熄灭油类起火。

你会检查液化石油气钢瓶吗？

　　为了防止厨房发生火灾，应选购安全正规的燃气具，定期请专业人员检查燃气管道是否有泄漏。若家中使用罐装煤气，要记得每次按以下方法检查钢瓶：

1　一看外观。如果煤气瓶把手的护罩底部有 3 颗很明显的螺丝，则是螺丝瓶，市民可以拒收并要求更换。如果煤气瓶外观严重锈蚀、底座缺陷、瓶体有伤痕，通常有安全隐患，可以进一步查看瓶身上的铝牌，确认制造日期和检验日期。
2　二看铝牌。煤气瓶护罩上都有铝牌标志，第一行是制造日期，是刻上去的；第二行是检验日期，一般准确到年月，需查看是否过期；第三行是气瓶检验单位。没有铝牌、铝牌上记录信息不齐全或铝牌上有涂改，也存在安全隐患。
3　三闻气味。液化气有强烈的刺鼻气味，若在阀门密闭或正常使用时闻到刺鼻气味，表明煤气瓶有漏气，可以要求送检。
如果有任何一项标示不清，则应当场退回，不可贸然使用。

❗ 高楼起火，这样自救！

高楼起火时，身处火灾浓烟中的人，精神上往往极端恐惧，这种心理会导致一些人不顾一切地跳窗、跳楼逃生，这类盲目的行为常常会导致严重的后果。高楼逃生切忌慌不择路，而应该积极想办法。

🎧 仔细听警报

听到大楼的火警警报后，楼内的广播会告知着火的楼层及安全疏散的路线、方法，按照指示去做。如果整栋楼没有警报，应及时拨打"119"火警电话，越快越好，争取救援时间。

🎧 先用手背碰一下金属门把手

金属导热较快，而手背比手心敏感。如果手背感到烫，则不宜开门，否则浓烟和火会冲进房间；如果门把手不热，则可以通过正常通道迅速离开房间。

🎧 关门开窗，积极呼救

随时记住"关门开窗"，每进入一个房间，首先关闭内侧的门，打开通向户外的窗户，必要时用硬物砸碎玻璃。在容易被人看到的阳台、窗口挥舞鲜艳的衣物，大声呼救。千万不要躲避到顶楼、壁橱等不易被发现和救援的地方。

🎧 防止吸入浓烟

不要大口喘气，呼吸要细小。在房间内等待救援时，用湿毛巾或湿被单塞住门缝。从安全通道撤离时，用湿毛巾或衣服捂住口鼻，匍匐前进。任何情况下都不要从浓烟中冲出去。

🎧 勿乘电梯，从楼梯逃离

高层建筑的供电系统在火灾时随时可能断电，乘电梯非常危险，可直接威胁到生命。楼梯等安全通道都配有应急指示灯，可以循着指示灯逃生。有些高层建筑设有专门的"避难层"，如果无法逃离大楼，尽量前往避难层等待救援。

🎧 三层以下大胆自救

如果身处三层以下，火势又危及生命，没有其他方法自救，此时可以将房间里的软物抛至楼下，跳楼逃生。跳楼时抓住窗栏杆悬身窗外，伸直双臂缩短与地面的距离，先松开一只手，用这只手及双脚撑一撑离开墙跳下。稍高的楼层可以用窗帘、被单、绳索连接逃生。

! 汽车起火，如何应对？

私家车起火

私家车内空间狭窄，线路、汽油等各种易燃易爆品相互交错，一旦着火，车辆将可能会在短短几分钟内付之一炬。逃生时间短，是私家车起火急救时最大的困难所在。

1. **引擎处冒出浓烟**：如果引擎处突然冒出浓烟或闻到异味，驾驶员应迅速停车，告诉乘坐人员打开车门下车，并切断电源，用随车灭火器灭火，并立即拨打"119"火警电话。

2. **引擎处蹿出火苗**：如果引擎处已经有火苗蹿出，说明情况比较危急，这时千万不要打开引擎盖，否则只会加大火势，可以拉开锁止扳手，从缝隙处往里面喷灭火剂，等火苗消失后再打开引擎盖进行下一步处理。

3. **加油过程中起火**：立即停止加油，疏散人员，并迅速将车开出加油站，用灭火器或衣服、毛毯将油箱上的火焰扑灭。地面如有流洒的燃料着火，应立即用灭火器或沙土将其扑灭。

> **私家车起火的先兆**
>
> 一般情况下汽车自燃前会有一些征兆，比如开车时车身有异味、冒出浓烟、仪表灯不亮等等，遇到这些情况时要马上找安全的地方停车检查。尤其不要忽视"仪表灯不亮"这一项，这表明可能已经发生了线路短路，如果不及时发现和处理，很容易导致车辆起火。

客车、公共汽车起火

客车、公共汽车一旦起火，由于车上人员较多，为逃生增加了一定的难度。此时切忌慌乱、拥挤，应采用正确的方法逃生。逃生通道有两个：安全窗、安全门。

1. **安全窗**。一般位于前后门中间段和后门到车尾的中间段，上面挂有安全锤。逃生时，取下安全锤，敲击安全窗四个边角的位置，即可有效破窗逃生。

2. **安全门**。位于车身中后方，一般情况下不允许打开，当发生火灾时，首先找到车内的红色"车门应急阀"，打开盖子，顺时针旋转红色阀门，听到"呲呲"的放气声后等待5~10秒，安全门即打开。

！歌舞厅、商场失火，如何逃生？

市民常去的公共娱乐场所，如歌舞厅、卡拉 OK 厅、商场、宾馆、饭店等也是火灾的多发场所。这些场所人员和火源都较多，容易发生慌乱，逃生难度大。

歌舞厅、卡拉 OK 厅火灾逃生要点

1 这类娱乐场所一般都在晚上营业，进出口设置得不十分醒目。因此在刚进入这些场所时，就要观察安全出口在什么位置，一旦发生火灾，通过安全出口迅速逃生。

2 大多数歌舞厅只有一个逃生通道，在逃生过程中一旦发生拥堵，就需要寻找其他通道。对于楼层较低的歌舞厅、卡拉 OK 厅可以直接从窗户跳出；对于二、三层的，可以用手抓住窗台，伸直双臂往下滑，尽量缩短与地面或楼下窗台的距离，并让双脚先着地。

3 歌舞厅、卡拉 OK 厅的墙壁和天花板装饰有大量塑料纤维等装饰物，在火灾中会产生大量有害烟气，要注意防护。在逃生的过程中，应用水打湿衣服，捂住口鼻，并采用低姿行走或匍匐爬行的方法撤离。

4 万一浓烟袭来，可使用透明塑料袋，左右抖动几下让里面充满空气，然后迅速将其罩在头部，并将袋口抓紧，迅速撤离到没有浓烟的区域再换气。

商场、超市火灾逃生要点

1 每个商场都按照规定设有室内楼梯、室外楼梯，有的还设有消防电梯。发生火灾后，这些都是良好的逃生通道，可避免所有人拥堵在同一个出口。

2 超市是物品高度集中的地方，发生火灾后，可利用的逃生物资比较多，要积极寻找适宜逃生使用的工具，如毛巾、水、被单、绳索等。

宾馆、饭店火灾逃生要点

1 服务台的值班人员会及时报警，并组织客人安全疏散，此时务必听从安排。若是自己房间内着火，要及时报告给楼层值班人员，以便争取时间控制火势及组织人员撤离。

2 一旦宾馆、饭店发生火灾，消防负责人会紧急关闭空调系统，停止送风，并开启排烟设备。客人可按照高楼火灾逃生的方法进行自救。

⚠ 遇到森林火灾，怎样脱险？

由于全球气候变暖等原因，森林火灾呈上升趋势。在发生地域上，我国的森林火灾主要集中在东北林区和西南林区，其发生原因大多系人为造成，主要是人们生产用火、生活用火不慎引起的。一旦遭遇森林火灾，应当按如下方法进行避险逃生：

1 尽快撤到"火烧迹地"。"火烧迹地"即被大火烧过的地方，这些地方不会再次燃烧，相对安全。

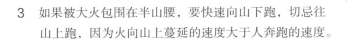

2 在森林火灾中同样要防止吸入浓烟。可使用沾湿的毛巾遮住口鼻，如果附近有河流或水坑，最好将全身衣物浸湿，以防止高温和烟熏对身体造成伤害。

3 如果被大火包围在半山腰，要快速向山下跑，切忌往山上跑，因为火向山上蔓延的速度大于人奔跑的速度。

4 如果在山谷、山脚被火包围，应退到平坦、开阔、植被较少的地区，主动点火烧掉周围的可燃物，当烧出一片空地后，迅速进入空地卧倒，躲避浓烟。点火时要准确判断，从背向火头的方向点火，防止被火焰卷入烧伤。点火后抓紧时间迅速撤离。

5 如果火情危及，来不及点火自救，应选择较开阔、周围植被少的地方，脚向着火头的方向卧倒，并用外衣盖住头部，同时用双手或木棍迅速扒一个浅坑，挖好后深吸一口气，然后用双手捂住头，脸部贴于坑底，待火龙烧过再起身。

6 若火龙将自己包围，没有任何一条安全通道，情况十分危急时，应迅速找准一个火势稍弱的突破口，用衣物遮住头部，迎着火龙迅速冲出火场。注意千万不能和火龙同一个方向奔跑，只能对着火冲。

7 密切关注风向变化，因为大火蔓延的方向是由风向决定的，通过关注风向可以判断出逃生的方向是否正确。

化学事故

⚠ 危险化学品爆炸，如何自救？

近年来，危险化学品爆炸的事故时有发生。对于普通公众，了解化学常识，掌握遭遇化学品爆炸时基本的自救技能，也成为迫切之需。

伏地寻找遮挡物躲避冲击波伤害

一旦发生爆炸，有不明原因的闪光，切勿好奇拍照，先躲避。立即背对着闪光，双肘撑住身体趴在地上，同时张大嘴来保持内外耳的压力平衡，最好躲在遮挡物后面。

顺着上风向往外撤离

尽快撤离事故现场，绕开爆炸地中心点，跑到上风向，往外撤离，越远越好。夏天的风力较小，空气中污染物和有害气体飘散较慢，相对危害小一些。

撤离时穿上长衣长裤

撤离时，最好能穿上长衣长裤，戴上防护口罩。离开污染区后，应尽快脱下受污染的衣物，并放入双层塑料袋内，同时用大量清水冲洗皮肤和头发至少 5 分钟，冲洗过程中应注意保护眼睛。若戴有隐形眼镜且易取下，应立即取下，困难时可向专业人员请求帮助。

出现不适症状及时就医

毒害气体有些具有刺激性气味，有些则是无色无味的，切勿认为没有闻到刺激性气味就是安全的，一旦出现口腔、上呼吸道刺痛或麻木、头昏头痛，一定要及时就医。

暂时不要饮用自来水

发生化学品爆炸后，在专业人员确认爆炸现场排放的污染物不会混入生活水源之前，应避免饮用管线供应的自来水或地下水，尽量使用救援者提供的应急水源，或者瓶装水。

⚠ 化学品爆炸

化学品爆炸发生时，哪些是应该做的，哪些是切勿做的，你知道吗？

✔ 可以做的！

1 警惕掉落物，如果身边有东西掉落，钻到结实的餐桌或书桌底下。停止掉落时，迅速离开。

2 从楼梯撤离，同时留心明显不稳的地板和楼梯，一旦发现危险，立即更换逃生通道。

3 如果被困在废墟里，用手电筒或手机上的手电功能给救援人员发信号告知你所在位置。或敲击管道、墙壁以便救援人员能找到你所在的位置。不到万不得已，不张嘴大喊。

4 用任何手边的东西捂住口鼻，最好是密织棉料（如较厚实的棉质衣物、床单）。

5 如果发现有毒化学品在室内，立即关闭门窗，用胶带纸和塑料膜封住门窗缝；关掉房间的一切通风系统（空调、通风口、换气扇）；绕开受污染的区域离开室内，朝上风口撤离。

✘ 不能做的！

1 大喊呼救，或者由于紧张，一边逃命一边大声喊叫。这样会吸入更多有毒有害的气体、粉尘。

2 搭乘电梯逃离建筑物。此时电梯可能非常不安全，有可能被困在电梯内。

3 停下来回去取个人物品或者在原地打电话。此时人体分分秒秒在吸入有毒物质，尽快撤离危险区域才是最重要的事情。

4 没有方向性地逃离，甚至跑到下风口。下风口是有毒气体、粉尘密集的区域。

5 在事发地周围逗留、围观，甚至在事发地吸烟、使用明火，极有可能导致可燃气体再次爆炸。

清洗化学品污染"三步曲"

　　第一步：脱掉和身体直接接触的衣物和其他物品。如果在脱受污染的衣服时需要经过头顶，最好直接用剪刀剪开，以免衣物接触眼睛、鼻子和嘴巴。

　　第二步：用肥皂和水洗脸、洗头发；用水冲洗眼睛，并清洗身体可能被污染的其他部位。注意动作要轻柔，可用在肥皂水里浸泡过的布轻轻擦涂，不要揩拭或搓洗，最后用水清洗。

　　第三步：换上未被污染的衣服（放在抽屉或衣柜里的衣服），前往医疗机构筛查并接受专业治疗。

❗ 路遇槽罐车倾倒，快撤离！

· 闻到难闻的气味要及时离开，并立即通知环保及政府部门前来处理。

❌ 这样做是不对的！

· 靠近现场围观、看热闹。

· 擅自进入有毒区域救人。

发现危险品槽罐车倾倒，快速做出 3 个反应

反应 1　迅速熄灭手中的香烟，以及任何明火。

反应 2　立即往上风处跑，尽量跑得远一些，同时捂住口鼻，切勿张嘴喊叫。

反应 3　不要饮用、使用污染区的水；如果污染区附近有河流，须暂停该流域一切渔事活动。

槽罐车中可能含有哪些危险品？

　　1. 爆炸品；2. 压缩气体和液化气体；3. 易燃液体；4. 易燃固体、自燃物品和遇湿易燃物品；

　5. 氧化剂和有机过氧化物；6. 毒害品和感染性物品；7. 放射性物品；8. 腐蚀品。

❗ 化学毒剂泄漏，关注疏散通知！

居住在化工厂附近的居民，平时应注意周围有无异常征兆，如发现以下异常现象，应提高警惕，关注有关部门的通知，确定是否发生了化学毒剂泄漏事故。

○看见有色气体或液体形成的烟雾云团，闻到刺鼻的怪味。

○大批人员同时出现不适症状：

·如头痛（晕）、心悸、烦闷、呼吸困难、呕吐、视物模糊、眼睛或皮肤有刺激感、惊厥、抽筋、步履蹒跚等。

○动物异常：

·许多蜂、蝇、蝴蝶等昆虫飞行不稳、抖翅、挣扎。

·大量青蛙、麻雀、鸽子、家禽、家畜等出现眨眼、散瞳、缩瞳、流口水、站立不稳、呼吸困难、抽筋现象。

·很多鱼、虾、蚂蟥等水生物活动加快、乱蹦乱爬，尔后活动困难。

○植物异常：

·许多种类植物的颜色发生变化。

发生以上异常后，应该怎么办？

1　关闭所有的门窗，关闭可进行室内外气体交换的一切通风系统，用湿毛巾、胶带等堵住门窗的缝隙。在没有得到相关部门的疏散通知之前，待在家里不要出门。

2　关注电视、手机、收音机以及小区广播，准备好应急避难包，一旦收到疏散通知，立即按照宣布的方式前往疏散中心，或者朝逆风方向逃离灾区。

3　如果在家里感到呼吸困难，可使用防毒面具或湿毛巾呼吸。

4　逃离时不要大声喊叫，尽量憋气、闭眼，用湿毛巾或衣物捂住口鼻，用塑料袋或一层纱布遮挡住眼睛。

5　脱离有毒环境后，迅速脱去染毒衣物，用大量温水冲洗身体，换上干净衣服。

＼ 注意 ／

① 发现被遗弃的化学品，不要捡拾，应立即拨打"110"，说清具体位置、包装标志、大致数量及是否有气味等情况。

② 居民小区施工过程中挖掘出有异味的土壤时，应立即拨打当地区（县）政府值班电话说明情况，同时在其周围拉上警戒线或竖立警示标志。在异味土壤清走之前，周围居民和单位不要开窗通风。

❗ 发生水源污染，该怎么办？

· 接到政府正规渠道发布的水源被污染的通知后，立即停止使用家中的供水系统（自来水），直到警报解除。

 ✔

✖ 这样做是不对的！

· 用被污染的水洗澡、洗车。

· 以为家中安装了净水器就安全了，继续使用被污染的水。

居家供水受到污染，记住 3 个要点

要点 1 居民如果发现水的感官性状发生了明显的变化，如浊度、色度、臭味、肉眼可见物等，应及时向有关部门报告。

要点 2 接收水源被污染的消息一定要通过政府正规渠道，切勿听信、散布小道消息或传言，造成恐慌。

要点 3 在警报解除之前，可暂住在亲属家，或购买未被污染的桶装水、瓶装水，并注意节约用水，以保障饮用为主。

不要购买污染水域的海产品

有一种"隐性"的水污染需要注意，即食用了某个受污染水域的鱼、虾、贝类等水产品。最典型的事例就是日本的"水俣病事件"，是因食入被有机汞污染河水中的鱼、贝类所引起的有机汞中毒。居民平时可关注相关新闻，不要购买受污染水域的水产品食用。

⚠ 家庭化学品中毒，如何处理？

日常生活中常用的清洁剂、护肤品、化妆品中都含有大量的化学物质，其中有些化学物质禁止入眼、入口，但这样的意外也时有发生。

发胶

· 如果不小心将发胶喷入眼睛、皮肤等敏感部位，可用大量清水冲洗。
· 出现中毒症状者应立即到医院就诊。
· 若发现自己对发胶过敏，应避免继续使用及接触。

脱毛产品

· 误服后要立即口服催吐药物或人工催吐，催吐后给予牛奶或活性炭。
· 出现中毒表现者应到医院治疗。
· 发生过敏反应时应立即停用。

空气清新剂

· 如果喷到皮肤上，无论有无不适，都要立即用肥皂和凉水彻底清洗。
· 误食后可口服催吐药或人工催吐，3 小时内不要服食牛奶和含脂肪高的食物。
· 出现中毒症状者要及时到医院治疗。

消毒防腐杀菌产品

· 眼中溅入后要尽快用清水冲洗，持续时间不少于 20 分钟。
· 皮肤接触者要尽快脱去污染的衣物，用肥皂和凉清水彻底清洗。
· 口服量少，仅出现恶心、呕吐者，可口服牛奶，一般能够较快恢复。
· 出现中毒症状者要迅速到医院治疗。

护肤品

· 保留护肤品的成分说明书，若误食不含溴酸盐、硼砂的冷霜类化妆品无须处理。
· 若误食含有溴酸盐、硼砂的化妆品，应口服催吐药物，或进行人工催吐（用手指抠嗓子眼），催吐后口服牛奶。
· 出现中毒症状立即到医院治疗。

染发剂

· 污染了皮肤时，要及时用大量清水冲洗。
· 误食染发剂者，要及时口服催吐药物或人工催吐，催吐后给患者活性炭，并立即到医院就诊。

洁厕剂

· 皮肤接触后立即用清水冲洗至少 15 分钟。
· 溅入眼睛者要及时用流动水冲洗眼部至少 15 分钟，冲洗时须将眼睑分开。
· 口服者若在 10 分钟以内，可一次性口服清水 1000 毫升或大量饮用牛奶。
· 如口服时间已超过 10 分钟，切勿饮用任何液体，也不可催吐。对神志清醒者可让其用清水漱口并吐出；对有烧灼感或其他中毒表现者要立即到医院诊治。

餐具、果蔬洗涤剂

· 溅入眼睛后，及时用大量清水冲洗。
· 误服者可口服牛奶或温开水。

⚠ 房屋装修污染，如何处理？

劳质的装修材料，如板材、油漆、涂料、大理石等会释放出大量的甲醛、苯、氨、重金属等有毒物质，给室内造成化学污染或放射性污染，威胁着人体的健康。

1 刚刚装修完的房屋可以进行一些简单的预处理，如让房间通风一个月，然后关上门窗，密闭一小时，再闻闻是否有异味。如果有异味，则不宜立即入住。

2 如果感觉空气刺鼻、辣眼，或者嗓子不舒服，一般来说是甲醛、苯超标。这时需要找空气质量部门进行检测，找出是哪些东西导致有害物质超标，然后有针对性地采取措施。

有毒物质	中毒反应	应对方法
甲醛	具有强烈气味，高浓度吸入可引起呼吸道损伤、皮炎；少量长期吸入可导致慢性中毒。	尽快脱离甲醛浓度高的环境，注意保暖，避免活动。出现中毒症状者要到医院就诊。
苯	长期吸入可导致再生障碍性贫血。	立即脱离现场至空气新鲜处，脱去污染的衣物，用肥皂水或清水冲洗污染的皮肤。应注意休息。有中毒表现者到医院诊治。
氨	对眼、喉、上呼吸道作用快，刺激性强，引起喉炎、声音嘶哑、肺水肿等。	尽快脱离氨污染的环境，转移到空气新鲜处。严重者尽快到医院治疗。
氡	持续咳嗽，呼吸急促，咳血，可导致肺癌。	立即远离污染源（石材、水泥等），转移到空气新鲜处。如果症状持续，及早到医院进行肺部检查。
TVOC（总挥发性有机化合物）	引起头晕、头痛、嗜睡、无力、胸闷、食欲不振、恶心等不适。	TVOC主要来源于油漆、涂料、黏合剂等，常引起慢性中毒。若搬新家后经常出现此类不适，要尽快离开污染源。若症状持续，需到医院诊治。

搬新家不妨多养些"花花草草"

很多花草能够有针对性地改善室内空气质量。例如，针对甲醛，可选择仙人掌、吊兰、扶郎花、金绿萝、常春藤、芦荟、菊花、铁树、耳蕨；针对氨，可选择红颧花；针对二甲苯，可选择耳蕨、铁树、常春藤、菊花；针对三氯乙烯，可选择雏菊、万年青。

！怎样鉴别装修材料是否环保？

鉴别装修材料的安全性，不仅要动用自己的眼睛、鼻子，还要仔细查看是否有国家认可的环保标志，一样都马虎不得。具体来说，可以从以下几个方面来鉴别：

方法一：用鼻子闻

鉴别家装材料是否环保首先要过鼻子这一关，拿一块木板，在边槽部位闻一下（若是家具就闻家具表面和柜门里面），如果比较刺鼻，说明甲醛的释放量比较高，绝对不可以选择。

方法二：看认证标志

任何家装材料，如果宣称环保，则一定会有国家认证的环保标志。

材料类别	安全隐患	认证标志	认证说明
板材	甲醛释放量超标	E级认证	E0、E1、E2级是指甲醛释放量的标准，E0、E1级产品可直接用于室内，E2级产品则必须进行饰面处理（达到E1级标准后）才可用于室内。没有标明E0、E1、E2级的板材是绝对不能用于室内的。
木家具	甲醛和苯超标	CQC认证	购买木质家具时要看中国质量认证中心CQC家具产品认证，他是根据国家强制标准指定的认证。同时还要看商家是否能提供省级以上权威机构的检测报告。此外，木质家具必须提供产品说明书，这也是强制规定的。
瓷砖	氡（放射性核素）超标	A类放射水平	瓷砖产品都会做放射性等级检测，分A、B、C三类，A类为最好，放射性水平最低，这种瓷砖外包装上会标明"放射性水平：A"。此外，抛光砖还必须有国家强制性产品认证（CCC认证）。
木地板	含有较高浓度的甲醛	十环标志	木地板必须具有国家免检认证、中国环境标志（十环标志）和ISO9000、ISO9001、ISO14000、ISO14001等体系认证。其中，十环标志可以辨别是否是环保地板，该标志有严格的认证范围。

方法三：认准正规大品牌

在购买装修材料及家具时，要选择正规厂家的产品。一般来说，每一种材料或家具都有其行业协会或委员会评选并公布的放心品牌，尽量从这些品牌中进行选择。大品牌有一定的规模，当发生问题时，市场也会协助解决。

传染病

❗ 怎样发现自己患了艾滋病？

如果在 4~8 周内发生过高危性行为，并出现类似流行性感冒的症状，如发热、咽喉炎、皮疹、淋巴结肿大等，就应提高警惕。最好前往卫生防疫站或疾病控制中心进行艾滋病检测。

艾滋病的检测分为两个步骤，首先是"初筛"，需要采血检测。

· 如果初筛结果呈阴性，那就结束检测，表明并未感染艾滋病。

· 如果初筛结果呈阳性，就需要做进一步的确认实验。

所处阶段	定义	持续时间	是否有症状	是否有传染性
窗口期	指从被感染艾滋病病毒的那一刻起到抗体形成的这一时期	2~3 个月	无	是
潜伏期	指从感染上艾滋病病毒到发展为艾滋病患者的这一时期	7~10 年	无	是
发病期	指感染者开始出现各种不同的症状，从轻微到严重，直至死亡的这一时期	不等	有	是

艾滋病患者或感染者要注意及避免哪些行为？

· 要尽可能避免其他细菌、病毒、霉菌等各种感染。

· 过性生活要使用避孕套。

· 不要献血，不要怀孕，不与他人共用注射器、刮胡刀、剃刀、牙刷等。

· 及时、认真地对被血液、精液等分泌物污染的物品进行消毒。

常用的消毒方式

· 次氯酸钠或其他含氯消毒剂。消毒剂含有效氯 500~5000 毫克 / 升，作用 10~30 分钟。

· 碘伏消毒剂可用于物品表面的消毒。消毒剂含有效碘 50~150 毫克 / 升，作用 10~30 分钟。

· 乙醇（酒精）可用于手的消毒。75% 的乙醇（医用酒精），作用 10 分钟。

· 高温加热的方式。在 56℃ 条件下作用 30 分钟，或 100℃ 条件下作用（如煮沸）20 分钟。

! 艾滋病的传播途径到底有哪些？

目前，已被证实的艾滋病传播途径有三条：性传播、血液传播、母婴传播。

性传播

性传播是艾滋病病毒的主要传播途径。在发生性行为时，两性或同性之间的肛交、口交有着更大的传染风险。

○ 预防措施：

· 洁身自爱，无性乱行为。
· 提倡安全性生活，使用避孕套。

母婴传播

已受艾滋病病毒感染的孕妇可通过胎盘直接传染给婴儿。孕妇分娩、哺乳时也可通过产道、乳汁传染给婴儿。

○ 预防措施：

· 感染艾滋病的妇女不应怀孕。
· 如已经怀孕，要在孕妇分娩前 3 个月给予治疗艾滋病的药物叠氮胸苷。
· 不用母乳喂养。
· 不接受有危险（如卡介苗等）的免疫。

血液传播

可导致艾滋病血液传播的行为有：输入未经检测的血液或血液制品，共用注射器吸毒，使用不洁的针具或能够刺破皮肤的美容、理发工具等。

○ 预防措施：

· 供输血用的血液应经过艾滋病毒抗体检测。
· 绝不参与吸毒、贩毒行为。
· 尽可能使用一次性注射器或对注射器进行严格消毒。

艾滋病预防的 ABC 原则

近年来，国外一些专家在总结了预防性病和艾滋病经验的基础上，提出了预防性病、艾滋病的"ABC"原则。

A：Abstinence 禁欲 ——对于处在结婚年龄前的青少年，主张禁欲。
B：Be faithful 忠诚——夫妻双方或有性伙伴关系的双方相互忠诚，避免多个性伴侣。
C：Condom 安全套——正确使用安全套也可以减少感染性病、艾滋病的危险。

! 非典型肺炎，防胜于治！

非典型肺炎（SARS）是一种传染性强的急性呼吸系统疾病（简称"非典"），于 2002 年在我国广东顺德首发，并扩散至东南亚乃至全球，直至 2003 年中期疫情才被逐渐消灭，造成了一次全球性传染病疫潮。世界卫生组织于 2003 年 3 月 15 日将其名称公布为严重急性呼吸综合征（severe acute respiratory syndrome）。

"非典"的临床表现

· 非典型肺炎潜伏期为 1~11 天，大多数人感染 4 天后发病。
· 以发热为首要症状，体温一般高于 38℃，伴有头疼、关节酸痛和全身酸痛、乏力，偶有畏寒。
· 呼吸道症状明显，如干咳等。部分病人偶有血丝痰。
· 可能有胸闷，严重者出现呼吸加速、气促，或明显呼吸窘迫。极个别病人出现呼吸衰竭，如诊治不及时可引起死亡。

"非典"的传播途径

· 短距离呼吸道飞沫传播。
· 接触病人呼吸道分泌物传播。
· 密切接触传播。
· 人群普遍易感，以医护人员为高发群体，在人群密集的地方如军营、学校、工厂等感染率也较高。

出现疑似"非典"的症状要做哪些检查？

如果出现发热、畏寒、头痛、干咳少痰、关节酸痛、乏力、腹泻、胸闷、气粗、有时呼吸困难等症状，又于发病前两周到过有非典病毒感染的地区和城市，或与发病者有过密切接触，必须立即到医院检查。检查项目包括白细胞、淋巴细胞是否减少，肺部是否有片状、斑片状或网状轻微阴影，抗菌药物治疗是否不明显等。

❗ "非典"期间，必须重视消毒！

○ "非典"的防治总则：

讲究卫生，居室通风；

佩戴口罩，经常洗手；

勤换衣服，多多饮水；

规律起居，增强免疫；

减少出行，人多勿去；

家有病人，观察周详；

疑似症状，医生帮忙。

"非典"期间，具体要做好哪些消毒工作？

消毒对象	消毒方法
住房	选用 100 ~ 2 000 毫克 / 升有效氯含氯消毒剂溶液喷雾。 先由外向内喷雾一次，待室内消毒完毕后，再由内向外重复喷雾一次。
空气	关闭门窗，用 15% 过氧乙酸溶液，按 7 毫升 / 米^3 的量，进行加热蒸发。 熏蒸 2 小时后，开门窗通风即可。
衣物	耐热、耐湿衣物，煮沸消毒 30 分钟。 不耐热衣物，用过氧乙酸熏蒸消毒：将要消毒的衣物一件一件悬挂于室内（勿堆集），密闭门窗，糊好缝隙，用 15% 过氧乙酸溶液，按 7 毫升 / 米^3 的量，加热熏蒸 1~2 小时。
餐具	煮沸消毒 15~30 分钟。
食物	瓜果、蔬菜可用 0.2%~0.5% 过氧乙酸溶液浸泡 10 分钟。 病人的剩余饭菜不可再食用，煮沸 30 分钟，或用 20% 漂白粉乳剂、50 000 毫克 / 升有效氯含氯消毒剂溶液浸泡消毒 2 小时后再处理。亦可焚烧处理。
宠物	勤给宠物洗澡，在吃住睡等方面做到宠物与人隔离。 经常带宠物散步，但要避免和其他宠物接触。
交通工具	表面可用 0.5% 过氧乙酸溶液或 10 000 毫克 / 升有效氯含氯消毒剂溶液消毒，作用 60 分钟。 密封空间可用过氧乙酸溶液熏蒸消毒。

正确洗手六步法

1.掌心相对，手指并拢相互摩擦；2.手心对手背沿指缝相互搓擦，交替进行；3.掌心相对，双手交叉沿指缝相互摩擦；4.一手握另一手大拇指旋转搓擦，交替进行；5.弯曲各手指关节，在另一手掌心旋转搓擦，交替进行；6.搓洗手腕，交替进行。

❗ 人感染禽流感，你了解多少？

人感染禽流感，一般被称为"禽流感"，是由禽流感病毒引起的人类疾病。禽流感病毒，属于甲型流感病毒，一般感染禽类，当病毒在复制过程中发生基因重配，致使结构发生改变，获得感染人的能力，可能造成"人感染禽流感"疾病的发生。

至今发现能直接感染人的禽流感病毒亚型有：H5N1、H7N1、H7N2、H7N3、H7N7、H9N2 和 H7N9 亚型。其中，高致病性 H5N1 亚型和新禽流感 H7N9 亚型尤为引人关注。

人感染禽流感的临床表现

· 潜伏期：7 天以内。
· 早期症状：类似流感，主要表现为发热、流涕、鼻塞、咳嗽、咽痛、头痛、全身不适等症状。
· 死亡原因：年龄较大、治疗过迟的患者会因病情迅速发展成进行性肺炎、急性呼吸窘迫综合征、肺出血、胸腔积液等多种并发症而死。

人感染禽流感的传播途径

· 空气传播：病禽粪便中，以及病禽咳嗽和鸣叫时喷射出的禽流感病毒在空气中漂浮，人吸入呼吸道被感染发生禽流感。
· 食物传播：食用病禽的肉及其制品、禽蛋，食用病禽污染的水、食物，用被污染的手拿东西吃，都可能受到传染而发病。
· 接触传播：经过损伤的皮肤和眼结膜容易感染禽流感病毒而发病。

禽流感不会由人传染给人
禽流感是由携带禽流感病毒的禽类及其分泌物或排泄物传染给人类的，目前尚未发现人与人之间的传播。因此，长期接触禽类的人属于高危人群，包括从事禽类养殖、销售、宰杀、加工业者，以及在发病前 1 周内接触过禽类者。

❗ 谈"禽"色变，不如积极防治！

要预防人感染禽流感，首先要做好防护和消毒工作，尤其是在与禽类接触时及接触后；其次，要增强自身的免疫力，这有助于抵抗病毒及病后恢复。

勤洗手

预防疾病最好的方法是注意个人卫生，勤洗手（洗手的正确方法见 P89）。

熟吃禽肉蛋类

·鸡、鸭、鹅肉及蛋类一定要煮熟后食用，不吃半熟鸡蛋。
·白斩鸡、醉鸡都是半熟的，尽量不要食用。
·到正规场所购买经过检疫的禽类制品，不自行宰杀食用。

经常给日常用品消毒

·高温加热的方式：60℃加热 10 分钟，70℃加热数分钟。
·阳光直接照射的方式：40~48 小时即可消毒，可连续暴晒 2~3 天。
·使用常见家用消毒药品进行消毒，使用时需注意安全。

强化免疫力

·多锻炼，增强体质。
·作息规律，保证充足的睡眠。
·营养均衡，摄入足够的优质蛋白质。

保护儿童

大多数感染 H5N1 禽流感的病例为年轻人和儿童，12 岁以下的儿童最容易受到感染。因此，不要让小孩触摸禽类动物。

疫区工作生活者注意自我防护

·接触家禽后切记要立即洗手并用清水彻底洗净前臂。
·尽量避免与活禽接触。

慎养鸟类宠物

·清除鸟类粪便时注意消毒。
·与鸟类接触后及时洗手。
·鸟类患病后及时联系兽医诊治。

❗ 炭疽热，早发现早就医！

炭疽热是一种罕见的由细菌引起的疾病，他通常在动物中出现，如猪、牛、羊、鹅等。人感染炭疽病，往往是蓄意传播的结果，如邮寄含有炭疽细菌的信件。炭疽细菌不能直接在人与人之间传播。疾病症状与患者感染该细菌的方式有关，通常在感染后 1~7 天发作，但有时潜伏期可达 60 天。

🐰 炭疽热的传播途径

- 吸入性：吸入带有大量炭疽芽孢的尘埃或气溶胶。
- 接触性：破损皮肤接触到带有炭疽芽孢的动物毛皮等病料。
- 食入性：食用感染的肉类。

🐰 炭疽热的临床表现

- 肺炭疽：最初症状类似于普通流感，包括发热、咳嗽、头痛、虚弱、呼吸困难、胸部不适等。几天之后，症状恶化为严重的呼吸困难、发抖。这种类型的炭疽病如不及时就诊，会有生命危险。
- 皮肤炭疽：最初的症状是出现使人发痒的小肿块，接着出现疼痛，肿块中心为黑色的水疱，感染部位的淋巴也会肿大。
- 肠炭疽：最初症状是恶心、呕吐、缺乏食欲、发热，接下来是腹痛、呕血、严重痢疾。

🐰 炭疽热的预防

- 死于炭疽病的动物要焚烧深埋。
- 严禁剥食、贩卖炭疽死畜的肉和皮毛。
- 可能感染炭疽病的畜牧业、屠宰业从业人员应接种疫苗。
- 如果发现自己出现炭疽热症状要及时到医院确诊治疗。
- 收到可能有炭疽细菌的邮件，要轻放，不要动，避免芽孢散入空气中；立刻洗手并报警。

🐰 炭疽热的治疗

- 及时就诊。
- 及时向传染病防治部门报告。
- 可以使用抗生素预防和治疗炭疽病。
- 炭疽病不在人与人之间传播，所以不需要同时对患者接触过的人员进行救治。

鼠疫，最可怕的传染病之一！

鼠疫是一种非常见的、在人和动物中传播的传染病，他由存在野鼠身上的鼠疫耶尔森氏杆菌（Y.pestis）诱发，可通过多种途径传播，死亡率很高，其中肺炎鼠疫的死亡率接近100%。鼠疫耶尔森菌也是帝国主义和霸权主义者使用的致死性细菌战剂之一，曾在欧洲引起大规模疾病死亡，在第二次世界战中也有使用记录。

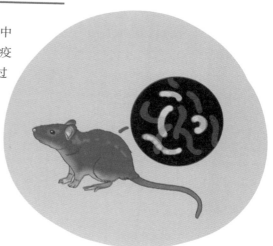

鼠疫的种类

· 淋巴腺鼠疫：又称黑死病。鼠疫耶尔森菌通过感染的蚊虫叮咬或伤口进入人体，就会引发淋巴腺鼠疫。以淋巴腺肿胀疼痛为特征，是最常见的鼠疫感染形式，如果不及时治疗，会引发败血症鼠疫。
· 败血症鼠疫：鼠疫耶尔森菌进入血液，引发败血症，叫作败血症鼠疫。
· 肺炎鼠疫：鼠疫耶尔森菌被吸入人体后，停留在肺部，就会引起肺炎鼠疫。他引起人们的特别重视，因为这是一种可以在人与人间传播的鼠疫。

肺炎鼠疫的症状和传播途径

肺炎鼠疫会通过患者的咳嗽或喷嚏传播。通常在感染细菌的1~4天内发作，其症状包括发热、头疼、虚弱、咳血，病情恶化迅速，不及时诊治会有生命危险。

肺炎鼠疫的防治

· 出现症状及时就医。
· 发现病人及时向传染病防治部门报告。
· 注射抗生素类药物。该病无预防针，感染细菌但尚未发病时亦可注射抗生素，以防止发病。

恐怖主义

！遇到爆炸或收到爆炸威胁，怎么办？

恐怖主义是实施者对非武装人员有组织地使用暴力或以暴力相威胁，通过将一定的对象置于恐怖之中，来达到某种政治目的的行为。对于普通人来说，学会自救非常重要。

如果爆炸正在不远处发生

1 **迅速转身卧倒**：背朝爆炸冲击波传来方向卧倒，脸部朝下，头放低，最好能找个有水沟的地方（侧卧在水沟里面更好）。如果在室内遭遇爆炸，可就近躲避在结实的桌椅下。

2 **张大嘴巴**：爆炸产生的强冲击波可击穿耳膜，引起永久性耳聋。

3 **防烟防毒**：爆炸瞬间屏住呼吸，逃生时低姿匍匐着离开现场。不要乱跑乱窜，大呼大叫。最好用湿毛巾或衣服捂住口鼻。

4 **电话呼救**：立即拨打"120""110""119"等电话求救。

5 **救助伤员**：检查伤员受伤情况，迅速清除伤者气管内的尘土、沙石，防止窒息。如呼吸停止，应立即进行人工呼吸和心脏按压。就地取材，对伤者进行止血、包扎和固定，搬运伤员时注意保持脊柱损伤病人的水平位置，防止因移位而发生截瘫。

如果接收到关于爆炸的恐吓信息，如恐吓电话

1 努力从恐吓方得到更多的信息，用纸笔记录对方所说的话。

2 注意电话的背景声音，如机器声响、对方的声音特质等。

3 如果是在工作地点，要及时向同事预警。

4 接到爆炸威胁后，千万不要触碰特殊的包裹。把特殊包裹附近的私人物品清理干净，然后通知警察来处理。

5 如果是在室内，要远离玻璃等易碎物品。

6 如果发现炸弹，不要试图移动，要立刻报警，请专业人员处理。

❗ 公共场所被投放了毒气，怎么办？

公共场所被恐怖分子投放毒气，著名的案例有松本沙林事件、东京地铁沙林毒气事件，分别发生于日本的住宅区和地下铁，造成数十人死亡，上千人受伤。毒气袭击虽然发生的概率比较小，但其影响速度快，受害范围广，造成的社会恐慌大。

🔥 发生毒气袭击后，记住"防护—撤离—清洗"三步自救法

第一步：紧急防护

确认发生了毒气袭击后，应当尽快利用随身携带的手帕、餐巾纸、帽子、衣物、口罩等堵住口鼻，遮住裸露的皮肤。如果手头有水或饮料，可将手帕、餐巾纸、衣物等用品浸湿，保护自己的眼、鼻、口腔，防止毒气摄入。

第二步：判断毒源，快速撤离

遭遇毒气时，在场人员应迅速撤离现场。不要慌乱，不要拥挤，不要大喊大叫，镇静、沉着、有秩序地撤离。注意撤离的方向，需先判断毒源在何处，朝着远离毒源的方向逃跑；如果有风，不可顺着毒气流动的风向走，要逆风向逃离。

第三步：及时清洗并就医

到达安全地点后，不要耽搁，迅速用流动水清洗身体的裸露部分。逃离后，要脱去被污染衣服，妥善处理，并立即到医院检查，必要时进行排毒治疗。

被毒气污染的衣物切勿随意丢弃

脱去被毒气污染的衣物后，不要用水或碱性洗涤剂清洗，以免发生化学反应，释放更大的毒性。更不可将这些被污染的衣物随意丢弃在路边的垃圾桶内，导致更多的伤亡发生。可将这些衣物用几层塑料袋包好并扎紧，交给有关部门，待查清属何种毒气后再进行相应的处理。

！遭遇恐怖分子劫持，怎么办？

劫持人质是恐怖活动的主要形式之一，近年来随着恐怖主义的猖獗而时有发生。恐怖分子劫持人质有多种方式，最常见的是劫机和大规模劫持人质事件。作为普通老百姓，在现实生活中，一旦遭遇了恐怖分子劫持，应该怎么办？

1　保持冷静，不要反抗，相信政府。
2　不对视，不对话，趴在地上，动作要缓慢。
3　尽可能保留和隐藏自己的通信工具，及时把手机改为
　　静音，适时用短信等方式向警方求救，短信主要内容：自己所在位置、人质人数、恐怖分子人数等。
4　注意观察恐怖分子的头领是谁、有多少人、有何企图、有何特点等，便于事后提供证言。
5　在警方发起突击的瞬间，尽可能趴在地上，双手保护头部，随后在警方掩护下脱离现场。撤离时避免惊慌，首先搀扶老人、孕妇、孩子及伤病者。

✘ 千万不要这样做！

○ 惊慌失措

　　劫持事件具有突然性，人质往往来不及反应，这时，如果不能马上镇定，很容易被突如其来的灾难搞得不知所措，甚至由于过度紧张，在心理上把自己打垮，失去逃生的机会。

○ 行为失控，浪费太多体力

　　在被劫持后，需要见机行事，尽可能向外界传递信息，但不要做无谓的举动，节省精力和体力至关重要。从国外发生的劫持人质事件看，解决起来都需要经过长时间较量，事件的进展也难预测，甚至出现过已经能够顺利解救人质时，某些人质却由于生理功能急剧衰退、免疫力减弱，而发生不测的遗憾事件。

如何识别恐怖嫌疑人

　　实施恐怖袭击的嫌疑人没有共同特征，但是多少会有一些不同寻常的举止行为可以引起我们的警惕，例如神情恐慌、言行异常；着装、携带物品与其身份明显不符，或与季节不协调；冒称熟人、假献殷勤；在飞机、地铁等安检过程中，催促检查或态度蛮横、不愿接受检查；频繁进出大型活动场所；反复在警戒区附近出现；疑似公安部门通报的嫌疑人员。

⚠ 收到不明包裹，如何处理？

2001 年 9 月，在美国发生了为期数周的生物恐怖袭击，一些含有炭疽杆菌的信件，被寄给数个新闻媒体办公室以及两名民主党参议员，导致 5 人死亡，17 人被感染。由此造成了对于不明包裹的社会恐慌。那么，一旦收到来历不明的包裹，应当如何妥善处理呢？

收到具有以下特征的不明包裹，要提高警惕

· 无邮票、无邮戳。

· 无寄信人地址。

· 收件人称呼、地址有误。

· 邮件上有过多胶布。

· 邮戳地区与寄件人地址不符合。

· 邮件上字迹怪异，或是剪贴的印刷字。

恐怖分子发出的不明包裹除了可能含有致病菌，还可能含有易爆物质。前者主要通过吸入感染，后者可经由摇晃、碰撞发生爆炸，均可威胁生命。

在未确定包裹的来历之前，对不明包裹应按以下方式进行处理

1　不打开、不嗅闻、不摇晃、不碰撞。

2　如果是邮件，可装入一个密封性好的塑料袋中。

3　立即去洗手，最好对手部进行消毒。

4　拨打"110"报警电话，向警察说明情况，等警察前来处理。

5　留意观察周围是否有可疑人物、可疑情况，如果发现可向警察反映。

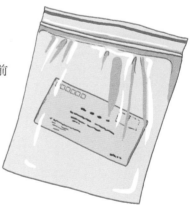

不要将邮件交给陌生人保管

俗话说"防人之心不可无"，任何时候都不要将自己的邮件、物品、行李交给陌生人保管，即使短暂的保管也不行。如果有陌生人主动提出要帮你保管邮件、行李等，更应提高警惕，婉言谢绝。

04

出行
事故救护

道路、轨道、海上、航空交通事故屡见不鲜，

城市中便利的高科技设备可能瞬间变身"杀手"，

野外出游时意外和险情往往来势汹汹……

交通事故

⚠ 行人被车辆撞伤，该怎么办？

如果在道路上行走时突然被车撞倒，要按照以下要点进行处理：

· 迅速记下肇事车辆的车牌号，如果有可能，可用手机
  进行拍照，留存证据。
· 立即拨打"122"或"110"报警，在原
  地等候警察前来处理。
· 如果撞人的司机企图驾车或骑车逃
  逸，应及时追上肇事者或求助周围群众
  拦住肇事者。
· 避免与肇事者发生激烈的言语或行为冲突，对于无法自行协商解决的事情，交给警察处理。

如果是其他人被车撞伤，可按如下方法进行救助：

· 检查伤者的呼吸情况。如果呼吸和心跳停止，立即进行胸外心脏按压和人工呼吸。
· 对于呼吸正常的伤者，可检查其受伤部位，对轻度外伤进行止血、包扎或固定。如果怀
  疑伤者受伤的部位位于颈部或脊柱，则不要随意移动伤者，以免造成二次伤害。
· 如果发生的是重大交通事故，不要上前翻动伤者，应立即拨打"120"及"122""110"
  求助，注意说清事发具体地点、事故规模、伤者人数等情况。
· 如果事故现场存在安全隐患，如车辆起火、有毒物质泄漏等，要立即离开现场并打电话
  求助，不要盲目上前救人。

时时遵守行路安全，勿存侥幸心理

· 横过马路时走人行横道、过街天桥或地下通道。
· 过人行横道时"红灯停，绿灯行"；通过时，应先看左后看右，在确保安全的情况下迅速通过。
· 学龄前儿童、精神疾病患者、智力障碍者出行应有人带领。
· 不跨越或倚坐道路隔离设施，不扒车、强行拦车或实施妨碍道路交通安全的其他行为。

⚠ 非机动车发生事故，该怎么办？

非机动车是指以人力或者畜力为驱动，上道路行驶的交通工具，包括自行车、三轮车等。非机动车在道路行驶过程中，既有可能与机动车发生事故，又有可能与行人发生事故，还有可能与其他非机动车之间发生事故。

🎵 与机动车发生事故

非机动车驾驶人应记下或用手机拍下肇事车辆的车牌号，保护现场，及时拨打"122"或"110"报警。如伤势较重，可求助他人标明现场位置，然后及时到医院治疗。无法前往医院者立即拨打"120"急救电话。

🎵 非机动车之间发生事故

在无法自行协商解决的情况下，应迅速拨打"122"或"110"报警，保护事故现场。如当事人受伤较重，可求助其他人员拨打报警电话和"120"急救电话。

🎵 与行人发生事故

非机动车驾驶人员应及时了解伤者的伤势，保护事故现场并报警处理。如伤者伤势较重，在征得伤者同意的情况下，迅速求助他人将伤者及时送往医院救治。

> **非机动车司机，请主动遵守行驶规则**
> · 严格遵守交通信号灯指示通行；停车等信号灯时，不要越过停车线。
> · 通过人行横道时，要注意避让行人。
> · 拐弯时要伸手示意；不要抢行、猛拐弯、争道。
> · 不要在机动车道内行驶，不要打闹。
> · 通过铁路道口时，在火车到来前，自觉停在道口停止线或距道口最外侧铁路 5 米以外处。

❗ 乘车时发生事故，该怎么办？

🧑 乘坐公共汽车时发生意外

- 遇到火灾事故，乘客应迅速撤离着火车辆，不要围观（具体逃生方法见 P65）。
- 遇到险情时，司机往往会急刹车，此时乘客应双手紧紧抓住前排座位、扶杆或把手，低下头，利用前排座椅靠背或手臂保护头部。
- 保持镇定，不要大声喊叫，不要指挥司机，更不要在汽车高速行驶时跳车。
- 若出现伤亡情况，及时施救，并拨打"120"急救电话。

这些行为能避免意外 ✔

- 若车内乘客稀少，坐距离司机较近的位子。
- 乘车途中不睡觉。
- 儿童在行驶的车内不跑跳、不打闹。
- 发现可疑人或可疑物，或遇到骚扰，应通知司机或售票员，并撤离到安全位置。

🧑 乘坐出租车时发生意外

- 上车后，注意车门及车窗开关是否正常，若发现有异状，或司机有喝酒、衣着不整、言语不正常等情形时，应尽可能想办法下车。
- 指定行车路线，并留心沿路景物，若发现路线不对，应随时准备做出反应。
- 把手机拿在手中，以便及时拨打报警电话或急救电话。
- 万一被绑架，应尽量在出事地点留下求救讯号、个人物品等，为解救提供重要线索。
- 遇到车祸时，双手紧紧抓住前排座位或把手，低下头，利用前排座椅靠背或手臂保护头部。

这些行为能避免意外 ✔

- 早间或夜间搭车，记住车牌号、运营公司标志、运营证号码等信息。
- 老人、女士、孩童不独自搭乘出租车。
- 选择正规出租车公司的车辆搭乘。在照明充足的地方等车。
- 乘车途中不睡觉。若司机主动攀谈，简单回答即可，切勿暴露个人信息。

⚠ 城市道路驾车事故，如何处理？

在城市的普通道路驾车过程中，有可能发生很多意外，最常见的就是撞车。此外，还有爆胎、刹车失灵、翻车等，有些意外甚至可以危及生命，因此学会一些紧急应对措施非常重要。

发生撞车

· 若碰撞的主要方位在司机座位一侧，应迅速躲离方向盘，将两脚抬起，双臂夹胸，手抱头。
· 若碰撞的主要方位不在司机一侧，撞车瞬间应紧握方向盘，两腿尽量伸直，两脚踏实，身体后倾。

中途爆胎

· 不能急刹车。握紧方向盘，使车保持直线行驶。
· 若后胎爆裂，反复轻踩刹车；若前胎爆裂，双手用力控制方向盘，并缓缓松开油门踏板，使车自行停下。

刹车失灵

· 换低挡，加拉手刹，同时打开警示灯。
· 若车速始终无法控制，试着冲向柔软的障碍物以减慢车速。

翻车

· 侧翻在路沟、山崖边时，让靠近悬崖外侧的人先下车，从外到里依次离开。
· 翻向深沟时，所有车上人员要迅速趴在座椅上，抓住车内的固定物，让身体夹在座椅中稳住身体（司机可以脚钩踏板随车翻转，紧握方向盘），随车旋转。

如何正确佩戴安全带

1.使用安全带的第一步是调节好肩带的位置。正确的位置应使肩带跨过肩部的中央，跨过胸部，腰带应该紧贴髋骨。这样可使冲击力作用在骨骼上，保护柔软的内脏器官。

2.扣上安全带后，卡扣会发出"啪"的一声，这时还应拉扯一下安全带，确定已经扣好且没有损坏。

3.孕妇在使用安全带时应特别注意腰带的位置。腰带不能搭在肚子上方，而应跨在肚子下缘以下，肩带跨过胸部中央即可。

⚠ 高速公路事故，如何处理？

如果在高速公路上发生事故，可以这样处理：

· 立即停车，保护现场，包括标记现场位置、标记伤员倒卧的位置、保全现场痕迹物证、寻找目击者。

· 拨打"122"报警电话，清楚表述案发时间、地点、后果等，等待并协助交通警察调查。

· 若有死伤人员，应先救人，并立即拨打"120"急救电话。

· 开启危险报警闪光灯，并在来车方向150米以外设置警示标志。

· 车上人员迅速转移到右侧路肩上或者应急车道内；能够移动的机动车应移至不妨碍交通的应急车道或服务区停放。

这些行为能避免意外 ✔

· 驶入高速公路之前检查一下轮胎状况，看是否有石子或者铁钉之类的硬物卡在轮胎上面，及时清理干净。同时检查轮胎的气压是否正常，如有欠压及时补压。

· 正确系好安全带，不疲劳驾驶，不玩手机，不超过限定时速。

· 超车的时候，先拉大与前车的左右距离，再超车，特别是在有风的天气，注意握紧方向盘。

· 行驶在弯路上和岔道口的时候要稍微放慢速度，切勿在这些地点超车。

· 如果要紧急停车，一定要通过后视镜查看后面是否有车辆跟随，然后放缓车速，打开双闪灯向后车示意，确定安全后再慢慢驶向应急车道，并在车后放上警示牌向后车示意。

高速公路上看三块牌子，准确报出事发地点

1. 高速名称牌：位置较高，抬头可以看到，是一种绿底白字的号牌，其中的字母 G 代表国家级别高速，后面的数字是该高速的名称代号，例如"G60"代表沪昆高速。这块牌子下面还有一块白底黑字的牌子，标明正在行驶的方向，如"上海方向"。

2. 里程牌：位于路边，大约与司机的视线平齐，是定位的主要依据。里程牌是一块绿底白字、上宽下窄的六边形牌子，其中上面一排数字代表从该高速起点到此的里程数，下面一排的字母及数字即高速名称。例如"115/G60"表示该地点在沪昆高速（代号 G60）115 千米处。

3. 百米桩：如果该地点没有看到里程牌，可以寻找路边的百米桩进行定位。百米桩是一块较小的方牌，位置较低。其下半边为绿底白字，上面的数字标明距此处最近的一块里程牌；上半边为白底绿字，数字是几就代表几百米，读数时将两个数字相加。例如"2/115"表示处在该高速 115 千米加 200 米处。

！火车、地铁发生事故，如何自救？

　　火车、地铁都是在封闭状态下运行的大型载客交通工具，可因设备故障、技术行为、人为破坏、不可抗力等原因发生意外事故。火车、地铁发生意外时，相关工作人员及政府部门均会立即前来援救，但作为个人，也需要了解一些自救方法。

火车事故的自救方法

1　遭遇出轨、相撞等重大事故时，乘客首先要保持冷静，在列车紧急刹车的瞬间，牢牢抓住座椅、小桌板等牢固物体，最好趴下并低头，下巴贴近前胸，在列车停止之前，尽力保护好头、胸部。

2　列车中起火时，首先使用车厢两端的报警器通知司机，然后就近使用列车过道或两端的灭火器扑灭初期火灾。起火车厢的人员应听从乘务员的指挥，有序地撤离到其他车厢。不可擅自开窗跳车或试图砸开车门，也不要乱喊乱窜，以免引起全车人恐慌，发生拥堵甚至踩踏事件。

3　列车运行中发现可疑物时，应迅速使用车厢内的报警器报警，并远离可疑物，切勿自行处理。

4　在旅行途中，如果遇到意外伤害或身体不适，应及时与乘务员联系。列车上一般都备有简易药箱，可以处理一些常见疾病。列车员还可以通过广播找到同车的医务工作者前来救助。必要时，还可以临时停靠前方车站，护送病人下车，并由车站安排到就近医院进行治疗。

地铁事故的自救方法

1　列车突然停电会导致地铁滞留在轨道上，但车上有应急照明和通风设备，因此车内不会一片漆黑，也不会缺氧，乘客不必过分紧张，应耐心等待救援人员到来，千万不要扒车门、砸玻璃。

2　如果列车停在隧道中间，乘客要听从司机的组织，从列车两端的紧急疏散门进行疏散。切勿不经工作人员引导就自行进入隧道，以免走错路进入另一条轨道（地铁是双隧道）。

3　发生火灾时，使用车厢报警器通知司机，取出车厢的灭火器扑灭初期火灾。如果控制不住火势，要捂住口鼻，弯腰逃离。司机会紧急停车并开门疏散乘客，如果车门损坏无法打开，乘客可利用安全锤、高跟鞋等物品破门、破窗逃出。

4　如不慎掉下站台，要赶紧大声呼救，并向工作人员示意寻求帮助。

⚠ 海上遇险，如何求救与自救？

当船舶在海上遇险时，通常船舶会向所在的船舶公司发出遇险信号，请求救援。在救援人员赶来之前，乘客可按如下方法进行自救：

1 船上的"安全出口示意图"设置在船的主要过道或大厅等人流相对集中的地方。乘客上船后，首先要看清这些标志，注意识别其方向，以便在遇到意外时能从安全出口迅速撤离。

2 遇险时，首先要保持镇定，调节情绪，避免惊慌失措。此时要记住船长是船上的总指挥，务必听从船长的安排，有序撤离，切勿自作主张。

3 在救援人员赶来之前，船员会组织乘客穿上救生衣，到甲板上等待救援船只。救生衣的绳带必须扎紧、系牢。救生衣上还配有救生哨，万一落水，可以吹出急促的哨声求助。

4 紧急情况下，船长会下令弃船并释放救生艇，组织乘客登乘小艇或救生筏逃生。登上救生筏后，如果不能判断逃生方向，就不要四处乱划，徒耗体力，应停留在原地，等待救援人员。

5 如果时间来得及，尽量多穿上几层衣物，这样一旦落水，体表与湿衣物之间有一层暖水，衣物能阻止这层暖水与周围的冷水对流交换热量，有利于保持体温。此外，海水具有一定的腐蚀性，落海时无论冬夏，都不能脱掉衣服，避免身体与海水直接接触。

6 弃船跳水时，选择船身较高、没有破洞的一侧，避开水中的漂浮物，尽可能头上脚下垂直跳入水中，同时保护口鼻，防止呛水。也可利用绳梯、绳索、消防皮龙等滑入水中。

7 落入水中后，迅速向营救船只靠拢，游到橡皮筏尾部（非两侧），先放入一条腿，然后翻身滚入橡皮筏内。如果找不到船只或救生筏，则应抓住漂浮物，顺着海水流动的方向漂流，不要做无谓的挣扎。若发现海礁，可以到海礁上暂避，待有往来船只时，挥动鲜艳的衣物发出求救信号。

8 如果一时找不到可以攀附的漂浮物，要采取自由漂浮的方法，以保持热量和体力，等待救援。自由漂浮法要点如下：双腿并拢，屈曲到胸前，两肘紧贴于身旁，双臂交叉放在救生衣前，尽可能不游泳，使头颈露出水面。如果人多，可以以这个姿势围成一圈，便于被救援人员发现。

！飞机紧急迫降、机舱失火，如何自救？

　　飞机起飞后的 6 分钟和着陆前的 7 分钟之内是最容易发生意外事故的，被国际上称为"黑色 13 分钟"。空中较为常见的紧急情况有密封增压仓失压、失火和机械故障等。

紧急迫降的自救

1　当飞机确实遇到故障时，机长和乘务长会向乘客宣布紧急迫降的决定，并由乘务人员指导和协助乘客采取应急处理。乘客应时刻听从乘务员指挥，不要慌乱。

2　飞机紧急迫降到一定高度时，乘客会听到"飞机紧急下降，系好安全带，戴好氧气面罩"的广播，同时乘客头顶上的氧气面罩会自动下垂。这时绝对禁止吸烟，立即使用氧气面罩进行吸氧。飞机在海洋上发生险情时，还要立即穿上救生衣。

3　将眼镜和假牙摘掉，衣裤里的尖锐物品都应丢进垃圾袋，女性应脱去高跟鞋。

4　背好降落伞，如果没有降落伞，可将保暖用的小毛巾被的 4 个角两两打成死结，可当作微型降落伞使用，避免头部先着地。

5　飞机迫降到地面前，保持正确的防撞击姿势。先将座位调到直式状态，一只手的掌心按在前面的椅背上，另一只手按在第一只手的手背上，头部夹在两臂之间。或者将胸部贴到大腿上，将头部埋在两腿之间，手腕交叉放在小腿前方，双脚用力踩在地板上。

6　迫降的一瞬间，机头会撞地十几秒后油箱爆炸，大火由机头向机尾蔓延。此时乘客要迅速解开安全带，冲向机舱尾部。充气逃生梯会自动膨胀，这时要听从工作人员指挥，迅速有序地由紧急出口滑落至地面。

7　如果在高空中从机舱内被甩出，要尽量四肢张开，头部向上弓起，挺胸向地面，这样可以起到减速作用。如果下面是水，尽量将身体调整为笔直，让脚先入水；如果头朝下，要将双手伸直并握拳，以保护头部。

8　如果在海上发生空难，需要从紧急出口跳入水中时，首先要确定自己穿了救生衣并已系牢，必要时用力拉下充气阀门，救生衣便会在数秒钟内完成充气。跳下时一定要两腿夹紧，稍微弯曲，双臂护在胸前，双手伸直护住面部或捂住口鼻，垂直入水。

机舱内失火的自救

1　听从乘务人员的指挥，尽量蹲下，使头部处于可以达到的最低位置，屏住呼吸，也可用湿毛巾捂住口鼻。

2　弯腰或者爬行至安全出口（有"安全出口"字样并亮灯的标志），保护自己从紧急出口迅速离开飞机。

城市常见事故

！游乐场设备发生故障，怎么办？

当游客乘坐的游玩项目突然发生机械故障时，可按下列方法应急处理：

1　当设备在运行途中突然出现停电时，游客切勿惊慌失措，冷静地待在原位，听从工作人员的安排。

2　当游乐设施发生机械故障时，工作人员会按下紧急按钮，游客应待设备停稳后，听从工作人员的安排有秩序地离开事故现场。

3　如果游客在乘坐游乐设施时突发心脏病，周围的游客应及时示意工作人员停止设备的运行，让患者保持在原位不要动，如果有可能，把患者身体尽量放平，保持其呼吸通畅，等待医护人员前来救助。注意不要随意搬动病人。

4　如果有人在设备运行到高空时被甩出，其他游客不要拥挤围观，给伤者腾出足够的空间，并及时拨打"120"急救电话。如发现伤者心跳和呼吸停止，
应立即对其进行胸外心脏按压和人工呼吸。

这些行为能避免意外 ✔

· 先检查该游乐设施是否有"安全检验合格标志"，该标志一般黏贴在游乐设施较醒目的地方，注意看清检验日期。

· 认真阅读游客须知，如果身体条件不适宜进行该游乐项目，就不要勉强。7 岁以下儿童乘坐游艺机，须有成人陪同。身高 1.4 米以下的儿童，不宜乘坐刺激性较大的游艺机。

· 遵从工作人员的安排，按顺序乘坐后系好安全带或压好安全棒。

· 有心脏病、高血压、恐高症、颈椎病、贫血以及晕车、晕船的游客，不要乘坐带有刺激性的游乐设施，以免中途发生危险。同行者不要强迫、鼓动患有以上疾病的人参与该类活动。

· 对于有反转、剧烈碰撞等形式的游乐项目，乘客应把挎包、背包寄存，摘掉眼镜、钥匙、假牙、发卡等物品，头发特别长的女士可用结实的软质头绳把头发盘起来。

· 在游艺机运行时，切勿将头、手、脚伸出护栏之外。游玩游船等项目时，禁止相互碰撞。

⚠ 发生拥挤踩踏，如何保护自己？

不少景点一到节假日游客猛增，远远超出场地的容纳量，极有可能发生拥挤踩踏等意外。此外，在一些大型群体活动中，也必须有足够的安全意识。

发生踩踏意外时，要用正确的方法保护自己

1 如果被挤到人群中间，为避免受到严重伤害，可用一只手握住另一只手的手腕，两肘撑开平置于胸前，腰向前微弯，挤出一些空间，使呼吸顺畅。

2 当人群特别拥挤时，为了避免脚趾被踩伤，可以屈膝保护脚。

3 在拥挤的人群中，尽量不要让自己摔倒，否则很可能被人群踩踏。一旦被推倒或者绊倒在地，应设法靠近墙壁，并将身体蜷成球状，双手紧扣置于颈后。这样即使受伤，也只会伤到双手、背部和双脚，不会伤及致命部位。

4 如果周围有坚固的物体，如路灯柱、树干等，可以牢牢抓住，但不要以站姿靠近墙壁等大面积的坚硬物品。如果被人挤到墙壁，最好用一只手撑住。

5 尽量远离店铺的玻璃窗、玻璃门，一旦被撞到玻璃门上，玻璃被撞碎，很容易受重伤。

6 千万不要盲目地拼命往外挤，要稳住脚步，随着人流一起走。待人流渐散后，迅速镇定地离开现场。

这些行为能避免意外 ✔

· 参加户外大型集会或者到达旅游景点时，首先要观察周围的环境，记住主要的出入口和紧急出口，以及警察、保安所在的位置。

· 如果人群正在向自己拥来，可立即到最近的商店、民居躲避，或者藏到角落，直至人群走过去再出来。

❗ 被困在电梯里，如何脱险？

电梯是用来运载的工具，在现代社会的使用频率非常高，由于其依靠电力驱动，而且需要升至高处，一旦出现故障，很有可能发生危险事故。

被困在电梯的时候，应该使用正确的方法自救：

1 当发现电梯不正常时（如急速降落），快速把每一层的按键都按下。如果电梯停下并开门，立即离开电梯，不要逗留。

2 如果电梯速度不正常，如突然加速或者失去控制，应抓住电梯内的把手，或背贴不靠门的内墙，两腿微微弯曲（女士要将高跟鞋脱掉），上身向前倾斜，以应对可能受到的冲击。

3 保持镇定，立即用电梯内的警铃、对讲机或电话与管理人员联系，等外部人员救援。如果报警无效，可以大声呼叫或间歇性地拍打电梯门。

4 电梯进水时，应将电梯开到顶层，并通知维修人员。

5 如果乘梯途中发生火灾，应将电梯在就近的楼层停梯，并迅速利用楼梯逃生。

这些行为能避免意外 ✓

· 进入电梯后，先环视四周，一是找到发生紧急状况时可以用来报警求救的按钮，二是查看电梯是否有安检标志，以及上面的下次检验时间、保险到期时间是否过期。如果未看到安检标志，或安检时间、保险时间过期，应避免乘坐该电梯，并向有关负责人反映情况。

· 在电梯内，不蹦跳、不打闹、不乱按电梯按钮。

· 如果电梯门已经关闭，不强行扒门；不用手或身体拦截正在关闭的电梯门，因为电梯门有感应盲区，如果拦截的位置正好在感应盲区，则很容易被挤伤。

· 如果电梯显示超载，应主动出梯，等待下一辆电梯，不要硬挤。

＼ 注意 ／

① 电梯停运时，不要强行扒开电梯门爬出，以防电梯突然开动，造成更大的危险。

② 发生地震、火灾、水灾等紧急情况时，严禁使用电梯逃生，应改用消防通道或楼梯。

③ 遇上电梯失控，如溜车、上冲、上下震荡，千万不要过于害怕，这时首先要防止碰伤，抓牢护栏或贴紧墙壁。

⚠ 自动扶梯故障，快速自救！

近年来，我国频频发生自动扶梯"吃人"事件，自动扶梯的使用安全引起了人们的广泛关注，较常见的故障是上行电梯突然逆行，发生设备溜梯事故，会导致正在搭乘电梯的乘客集体向下摔倒，造成死伤。

当发觉自动扶梯运行异常时，一定要反应迅速：

1 不要紧张，但可大声呼救，提醒其他人按下红色的"紧急停止"按钮。该按钮一般位于运行指示灯的下方。一旦有人出现跌倒等情况，离按钮最近的人可按下按钮，2 秒钟后电梯会自动缓慢停下。

2 在扶梯上不慎摔倒，立即将身体调整成保护姿势：双手十指紧扣，护住后脑和脖子；双肘护住太阳穴位置；双腿并拢，双膝前屈，抵住双肘；侧躺在地上。

3 如果前面有人摔倒，要马上停下脚步，同时大声呼救，告知后面的人不要向前靠近。

4 不要因为惊慌而上下奔跑，以免使人群发生拥挤，甚至出现踩踏事故。

5 尽量保护老人、儿童。

这些行为能避免意外 ✔

· 乘坐自动扶梯时，要随时握住扶手以固定自己的身体，发生意外时，可顺势利用扶手稳住身体，防止摔倒。

· 站立时双脚自然分开，两脚尖做内八字站立，这是经过验证最稳定的站姿，外八字站立很容易重心不稳，而且容易被旁边移动的人踩到脚。

· 上下梯时目光要注意脚下，保持稳步迅速的进入和离开，一步跨出电梯。不可在扶梯口等待观望，或者离开的时候停留在扶梯口聊天打电话等，这样会影响后面的乘客。

· 不要穿着松软的塑料鞋、橡胶鞋或光脚乘坐电梯，如果电梯梳齿板有缺损，很容易造成脚部割伤、划伤，而且如果出现紧急情况，穿松软塑料鞋和光脚的逃生难度会增大许多。

· 不要推轮椅、助力车、商场购物车、婴儿车等乘坐扶梯，带轮子的工具很容易发生滑动，容易发生事故。也不要携带大件、大重量的物品乘坐自动扶梯，这样很容易失去重心，一旦发生倾斜摔倒现象，危险性很高。

· 注意自己的衣服或者手持物品，尤其是宽松修长的衣裙，保持衣服和手持物离开电梯阶梯以及侧面一定的距离，防止被挂住或者被绞进电梯缝隙。

· 切勿在扶梯上行走、跑动、打闹，不要用脚踩住扶梯两侧，也不要将头、手伸出扶梯外。

⚠ 意外从高空坠落，怎样保命？

　　无论是在都市的高楼还是野外旅行，如果不慎从高空坠落，因受重力和冲击力的影响，人体的器官组织会受到不同程度的直接或间接损伤。

想办法减缓下落的速度和最终受到的冲力：

1 不管是从楼上掉下来还是在悬崖边失足，要尽可能制造缓冲点，让身体落在沿途的岩块、石壁、树木或者其他物体上面，把坠落过程分成几段，减缓冲力。另一个增加缓冲的方法是抓住沿途的物体，比如木板或橡板等大的东西。

2 放松身体，四肢僵直会让全身的重要器官受到更大的伤害。竭尽全力放松身体才能更好地防止撞击带来的伤害。

3 屈膝是高空坠落时最重要也最简单的自救方法，研究表明屈膝可以将伤害减小到 1/36。但是不要弯得太厉害，把膝关节打开即可。

4 保证脚先着地，将双腿紧靠在一起，这样双脚能同时着地。脚尖微微朝下，让脚掌先着地，更有利于下半身吸收冲击力。

5 尽量从侧面倒下去。一旦脚着地了，身子不是向前后倒就是向两侧倒，而倒向侧面是最好的选择。如果办不到，就选择向前倒，并用手撑地，千万不要向后倒。

6 从高空掉到地面时通常会被反弹出去，这时要保护好头部，避免二次撞击：将双臂置于头的两侧，手肘在前保护面部，双手十指相扣，护住后脑勺和脖子。

7 由于高空坠落时身体会分泌大量的肾上腺素，所以落地时痛感会降低，但没有外伤并不代表没有内在损伤，此时必须尽快前往医院进行检查和治疗。

🧒 发现他人从高空坠落时，怎样救助？

1 立即拨打"120"急救电话，告知救援人员伤者的伤情和事发地点。

2 如果事发地点较危险，还有发生意外的可能，抢救者要在保障自身安全的前提下，立即将伤者移出危险地带。尽量轻轻地平抬，避免二次伤害。

3 将伤者身上的钥匙、手表、腰带、手机及口袋中的硬物去掉，松开衣扣。

4 及时去除伤者口腔、鼻腔内的异物，包括假牙，保持气道畅通。

5 检查伤者的呼吸、脉搏，如果呼吸停止，立即进行心肺复苏。

6 对外伤进行处理，如止血、包扎、固定等。

野外出游遇险

❗ 在野外迷失，如何自救？

指北针失灵或者丢失都是极有可能发生的事，此时可按下列方法找到方向：

1 如果在夜晚，可以找到天上的北斗星，他的形状像一把勺子，顺着勺口外侧两星的连线，向外延长约 5 倍的距离，便可找到一颗亮星，那就是北极星，他所处的方向就是正北方。

2 如果在丛林中，可找到一棵大一点的树桩，根据他的年轮来识别方向，树的年轮总是南面宽、北面窄。

3 观察一棵独立的树，枝叶茂盛的一边是南侧，枝叶相对稀疏的一边是北侧。

4 蚂蚁洞穴的洞口大都是朝南的。如果有岩石，那么岩石上布满苍苔的一面是北侧，而干燥光秃的一面为南侧。

5 如果在有太阳的白天，又有指针式手表，可以将当时的时间除以 2，再把所得的商数对准太阳，此时表盘上 12 所指的方向就是北方。如果是下午，则按 24 小时计时法计算。

迷路并且和队友失散，如何自救？

1 在积极寻找出路的同时，应在比较明显的山坡或空地上摆放遇险标志，即垒上三四块石头，上面压一块颜色鲜艳的丝巾、手帕或帽子，便于他人找寻。如果只能待在原地，白天可以挥舞颜色鲜艳的宽大丝巾或衣服，夜晚可用手电筒向有灯光的地方发求救信号。

2 如果有手机，要积极尝试寻找信号，一般来说，较高的地方有手机信号的可能性更大。尽量采用短信的方式求救，每半小时或一小时开机收发信息，这样可以节省手机电量。

3 利用救生笛向外界呼救时，应遵守国际通用的求救信号，即每分钟六响哨声，也可按照国际通用的"SOS"发遇险求助信号，即三长三短，反复发送。

4 利用衣物向外界传递信号时，国际上规定的方式是在空中绕"8"字形。利用手电筒发生求救信号，和哨声相似，国际惯例是六次闪照。

5 利用烟火求救、地面标志求救（具体方法见 P14-15）。

❗ 遭遇大型野兽或毒蛇，怎么办？

野外旅行中，如遇到大型野兽，千万不能自我放弃，要积极自救

1 迅速强迫自己冷静下来，正视野兽的眼睛，让他看不出你的下一步行动。

2 保持警惕，但千万不要主动发动攻击。

3 不要背对着他，在自然界中这个姿势表明自己是被猎者。

4 面对着野兽，慢慢向后退，同时不能让他看出你急于逃跑（自然界中某些动物后退的时候表示他准备发起攻击，野生动物都知道这一点）。后退的要点是匀速缓慢地走，即便对方没有跟进也不要快跑，快跑等于表明自己是被猎者，而对方随时可能轻易地追上你。

5 如果在后退的过程中野兽跟进，则应立即停止后退。

6 尽可能不要上树，除非野兽还没发现你，或者有自信后援人员能马上赶来，否则上树等于自断退路，兽类很善于等待。

7 如果观察一下之后就离开了，说明他认为你不是食物，并且发觉你不会对他造成伤害。因此我们要做的就是让他明白这两点：第一绝不背对他逃跑（宣告自己是食物）；第二绝不主动攻击（表明自己会对他造成伤害）。

在野外遇到毒蛇，可以按下列方法进行自救

1 如果毒蛇已经被惊动并且立起前身准备攻击，不要惊慌，待在原地别动。

2 迎面来蛇不能跑，先向他的旁边扔一个毛巾之类的小物品，让其成为蛇的攻击目标，转移蛇的注意力之后再逃跑。

3 如果有可能，悄悄避开；如果手中有带叉的长棍，可直接消灭他。

4 如果不幸被蛇咬伤，无论是否属毒蛇，都按有毒进行处理（处理方法见 P142）。

❗ 身陷沼泽、流沙，怎样自救？

初次去野外旅游的人，往往对野外多变的地形、天气往往缺乏了解，如果不慎陷入沼泽、流沙，可按下列方法进行自救：

1 行走过程中一旦发觉双脚下陷，应立即把身体往后倾，轻轻跌躺，并尽量张开双臂以分散体重，增大浮力。不要试图放下背包或脱下外衣，因为这些东西可以增加浮力，反而能救命。

2 如果有手杖，可以插在身体之下的沼泽或流沙中，如果有水壶、雨伞，也可以代替手杖使用。

3 尽量躺着不要动，挪动身体不但难以脱险，而且会很快精疲力尽，应等待同伴抛下绳子、皮带、棍子等工具，把自己拖出来。

4 移动身体时一定要小心谨慎，每做一个动作都要尽可能缓慢，让泥或沙有时间流到四肢下面。快速的移动会使泥或沙之间产生空隙，把身体吸进更深处。

5 如果旁边没有队友，尽量朝天躺下，轻轻拨动手脚下面的泥土，用仰泳的姿势慢慢移向硬地。

这些行为能避免意外 ✔

· 在荒野中，看见寸草不生的黑色平地，最好退回或绕路走。

· 留意青色的泥炭藓沼泽，有时水苔藓会满布泥沼地面，像地毯一样，这是危险的陷阱。

· 在人迹罕至的沙滩或陌生的沙地上行走时，应该带一根手杖或棍棒探路，也可采用"投石问路"的方法。

· 如要走过遍布泥淖的地方，应沿着有树木生长的高地走，或踩在石南草丛上，因为树木和石南都长在硬地上。如不能确定走哪条路，可向前投下几块大石，试试地面是否坚硬；或大力跺脚，假如地面颤动，很可能是泥潭，应绕道而行。

⚠ 突然掉进冰窟，如何自救？

在北方的冬季，很多湖面、河面上会结冰，不少人喜欢在冰面上滑冰、嬉戏，但这种娱乐方式存在一定的危险性。如果冰面突然裂开，掉进冰窟中，可按下列方法进行自救：

1 保持镇静，使尽全身力气爬上冰面，否则很快会被冻得全身无力，失去自救的机会。
2 往冰面上爬时，双手要不断划水，同时双脚踩水，使身体浮起来，寻找冰面最厚部位、裂纹较小的冰面边缘，并用力打碎身前的薄冰，找到足以支撑身体的坚实冰面，然后双臂向前伸张，增大与冰面的接触面积，用海豹扭动的方法一点一点爬行，使身体逐渐远离冰窟。
3 离开冰窟后，不要立即站立，要卧在冰面上，防止冰面再一次破裂。用滚动式爬行的方式远离冰窟口。
4 在岸上的人救助他人时，应先大声呼救，让更多的人赶来一起进行救助。然后，注意选择一块较为结实的冰面，最好用能抓住的衣物或绳子，全力将落水的人拉上来。拉人的人后面最好还有几个人拖住，以免将岸上的人也带入冰窟中。
5 获救后，要立即回家换上干衣服，并喝一大碗热姜汤，以驱散进入身体里的寒气，防止重病的发生。如果在野外，可在到达安全地点后，马上把身上的湿衣服脱掉，点一堆火取暖。

这些行为能避免意外 ✔

· 如果在冰上玩耍时发现冰面出现裂缝，应迅速趴下，增加受力面积，同时向旁边缓慢爬行。
· 绝不冒险在薄冰上游玩。即使冰面看上去很厚，也不要使劲踩、踩冰面。

⚠ 游泳时被水草缠身，怎么办？

在不熟悉的水域中游泳时，如果不幸被水草缠住身体，可按下列方法进行自救：

1 保持镇定，切不可踩水或手脚乱动，否则会使肢体被缠得更紧，或在淤泥中越陷越深。这时应停住被缠绕的脚或腿的运动，也尽量减少另一条腿的动作，以防双腿被缠。同时用手臂划水，保持头部浮于水面之上，采用半仰泳姿势稳住身体。

2 静下来后，如果水草缠得不紧，可将两腿伸直，采用仰泳的方式，用手掌划水，顺原路慢慢退回；如果无法退回，可平卧于水面，使两腿分开，上抬被水草缠绕的腿，用手解脱水草。

3 如果脱不开，则可以深呼吸、憋足一口气，保持身体直立，下沉入水中，用手将缠绕在腿上的水草拉断，这时候，动作应慢，身体应稳，入水深度以手能去掉水草为限，防止身体乱动，被水草进一步缠绕而加重险情。

4 如随身携带小刀，可把水草割断，并尝试把水草踢开，或像脱袜那样把水草从手脚上捋下来。自己无法摆脱时，应及时呼救。

5 摆脱水草后，轻轻踢腿而游，采用仰泳姿势马上远离危险区上岸。

这些行为能避免意外

· 江、河、湖、泊近岸边或较浅的地方，一般常有杂草或淤泥，游泳者应尽量避免到这些地方去游泳。

· 游泳爱好者应到指定的游泳区游泳，出外游泳时宜多人一起，这样可以相互照应，万一发生不测，可以互相帮助。

· 如果已经知道该水域有水草，或听说该水域发生过类似事故，切勿冒险下水游泳。

❗ 游泳时身陷旋涡，如何自救?

身陷旋涡是游泳时最常发生的意外,这时要沉着冷静,可按照下列的方法进行自救:

1 大声呼救,争取获得他人的救助。

2 如果已经接近旋涡,切勿踩水,应立刻平卧
水面,沿着旋涡边,用爬泳快速游过。爬泳(即
游泳赛事中的"自由泳")是速度最快的泳姿,
其具体动作如下：成俯卧姿势,两腿交替上
下打水,两臂轮流划水,动作很像爬行。

3 旋涡边缘处吸引力较弱,不容易卷入面积较大的物体,所以身体必须平卧水面,切不可
直立踩水或潜入水中。

这些行为能避免意外

· 避免到容易出现旋涡的地方游泳,这些地方包括：河道突然放宽、收窄处和骤然曲折处,
水底有突起的岩石等阻碍物处,有凹陷的深潭处,河床高低不平处。
· 有旋涡的地方,一般水面常有垃圾、树叶等杂物在旋涡处打转,一旦发现这种情况,应
尽量避免接近。

⚠ 出现高原反应，该怎么办？

　　高原反应的患者，可出现头疼、头晕、眼花、耳鸣、全身乏力、行走困难、难以入睡等症状，严重者出现腹胀、食欲不振、恶心、呕吐、心慌、气短、胸闷、面色及口唇发紫、面部水肿，甚至认知能力降低、出现幻觉等症状。对于一般的高原反应，在该高度处停留休息 3~5 天，或立即下降数百米高度，一般就可恢复正常。

发生严重高原反应时，可按下列方法进行紧急处理：

1 最有效的急救处理就是给氧及降低高度，若有休克现象，应优先处理。

2 将患者转移至无风处，立即卧床休息，注意保暖，防止上呼吸道感染，同时严禁大量饮水。

3 如果反应不强烈，能逐渐适应，可以多喝一些酥油茶，对缓解高原反应有一定的作用。

4 若疼痛严重可服用镇痛剂。如仍不能适应则需降低高度，直到患者感到舒服或症状减轻。

5 在高原发生感冒时，测得的体温数值常会低于实际温度 1℃，因此易被忽视。因此发现感冒初起症状，应立即服用抗感冒药，切勿拖延。

6 在高原即使发生很轻微的呼吸道感染，也有引发高原肺水肿的危险性。因此，要加强保暖预防。进入高原后，减少洗澡次数或不洗。

7 出现高原肺水肿时（出现呼吸困难、胸闷、咳嗽、咳白色或粉红色泡沫痰、全身乏力等症状），应绝对半卧位休息，两腿下垂，立即充分吸氧，并送往当地医院进行救治。

8 发生高原脑水肿时（出现严重头痛、呕吐、共济失调、进行性意识障碍等症状），要迅速、连续给含 5% 二氧化碳的氧气直至清醒，清醒后仍间断给氧，并立即送入当地医院救治。

9 发生呼吸性碱中毒时（出现头晕、感觉异常、偶尔搐搦等症状），可用报纸卷成圆锥状，在锥尖处撕开一个直径 1~2 厘米的小孔，将圆锥状的报纸紧贴面部，使呼出的气体再度吸回来，也就是将呼出的二氧化碳再次吸回来，改善体内的酸碱度，纠正呼吸性碱中毒。

这些行为能避免意外 ✔

· 保持良好的心态，消除恐惧心理，避免精神过度紧张，让身体充分休息。

· 避免受凉。高原气候寒冷，日夜温差大，机体受凉后易患呼吸道感染，并易诱发急性高原病。

· 进入高原的前两天避免剧烈活动及重体力劳动，登高需缓慢进行，有利于机体逐渐适应。

· 饮食宜多吃高糖、优质蛋白食物，有利于克服低氧的不良作用。

· 禁烟，不饮或少饮酒，以减轻对氧的消耗。

· 进入高原之前准备好下列常用药品：高原安（在进入高原前 1 天开始服用，进入高原后继续服用 3 天）；西洋参含片；百服宁（控制高原反应引起的头痛）；肠胃药（治疗腹泻）；感冒药；消炎药；外伤药；氧气袋；药棉、纱布、绷带、白胶布、驱蚊花露水等急救品。

⚠️ 发生雪盲症，如何紧急处理？

雪盲症也叫紫外线眼炎，是人眼受到电弧光或日光中强烈紫外线的照射或反射而临时失明的一种疾病。雪盲症经常发生在雪地，因为积雪对太阳光有很高的反射率，直视雪地如同直视太阳。发生雪盲症后，轻者仅感到眼睛不舒服，眼内有异物感；重者双眼剧烈疼痛，好像有沙子在摩擦，同时大量流泪、眼皮红肿、畏光不敢睁眼，然后视线里会出现粉红色，并逐渐加深，继而视力短暂消失。

发生雪盲症后，如及时转移到良好的环境中，一般可在 24 小时至 3 天内恢复视力，但完全恢复需要 5~7 天。期间可按下列方法对伤者进行紧急处理：

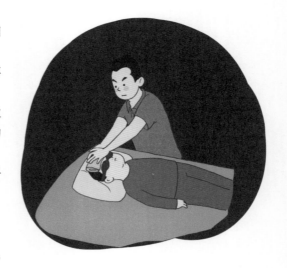

1 将伤者转移到光线微弱的地方，让其闭上眼睛。

2 减少用眼，躺下休息。闭眼之后，还要尽量减少眼球的转动和摩擦。

3 如果有条件，可用鲜牛奶滴眼，每次 5~6 滴，每隔 3~5 分钟滴一次。使用的牛奶要煮沸冷透才可用。

4 戴上眼罩，或用干净的纱布、毛巾、手绢等盖住双眼。

5 用冰湿毛巾冷敷前额。不要直接敷眼，更不要热敷，因为高温会加剧疼痛。

6 如果情况严重，应及时去医院进行诊疗。

这些行为能避免意外

· 在观赏雪景或在雪地里行走时，最好戴上旁边有挡阳板的太阳眼镜或专业的护目镜，避免雪地反射的紫外线伤害眼睛。

· 雪盲症可并发交感性眼炎，务必及时处理并治疗。

＼ 注意 ／

得过雪盲症的人很容易再次得雪盲症，因此要十分注意。再次得雪盲症的症状会更加严重，多次发生雪盲症会使人的视力逐渐衰弱，引起长期眼疾，严重时甚至可导致永久性失明。

! 遭遇雪崩，怎样逃生自救？

在高大的山岭区域，雪崩是一种严重的灾害。其发生的原因是降在斜坡上的雪不像平地上的雪堆积得那么紧实，即使受到细微的干扰就能使雪块发生崩落，严重时整片雪块或大量冰块会发生崩落。当粉状雪块以 90 米 / 秒的速度下落时就具有极大的危险性，覆盖住口鼻还有生存的机会，一旦被淹没后吸入大量的雪，生还的机会就很渺茫。

在山中游玩、滑雪时遭遇雪崩，可按下列方法进行逃生：

1 向山坡两边猛冲，不要往山下跑，因为雪崩的速度大于奔跑的速度。也可以跑到地势较高的地方、树木岩石比较多的地方，尽可能冲出雪流的流域。

2 如果不幸被卷入雪流，要逆流而上做游泳姿势，四肢向上游动，最大限度处于雪流表面，埋得越浅生存概率就越大。雪流停下时，两臂交叉于胸前，尽可能营造出口鼻与胸部呼吸所需的范围。

3 一旦被埋入雪下，立即遮住口、鼻，以免把雪吸入呼吸道或吞下。

4 尽量平躺，用爬行的姿势在雪崩面的底部活动。

5 被压埋后有两个困难：一是会完全丧失方位感；二是压在身上的雪会很快凝固。这时务必抓紧时间，冷静下来之后，让口水自然流出，以此判断上下方，如果还能动，要努力向上方挖掘。在雪凝固前，试着到达表面。

6 丢掉包裹、雪橇、手杖或其他物品。

7 休息时尽可能在身边造一个大的洞穴。

8 节省力气，边挖掘边仔细听外界的响动，当听到有人来时大声呼救。

这些行为能避免意外

·大雪、大雾、阴雨、突然升温等天气时最好不要去滑雪。

·和有经验的队友一起滑雪，谨慎选择滑雪路线。

·如果山中发生较大的震动或响声，有可能引起雪块崩落，此时最好更改计划，提前结束滑雪，以防发生不测。

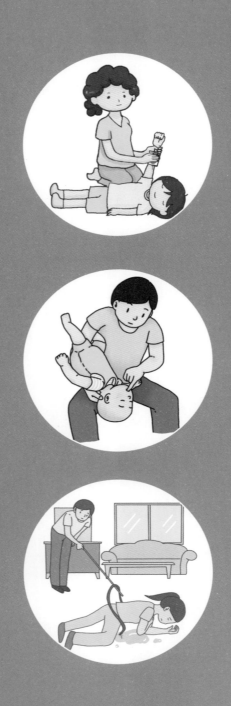

05

家庭
遇险救护

家是温暖的港湾，却也是事故的多发地，

老人的突发病、儿童的人身安全，时刻牵动着家人的心，

在与家人一起享受天伦之乐的同时，别忘了时刻提高警惕。

昏迷、心脏骤停、气道梗阻

! 家中有人昏迷时，该怎么办?

昏迷是由于各种原因导致的脑功能受到严重、广泛的抑制，意识丧失，对外界刺激不发生反应，不能被唤醒，是最严重的、持续性的意识障碍，也是脑功能衰竭的主要表现之一。

发现有人昏迷，可按下列方法进行急救：

1. 保持安静，绝对卧床。切勿让患者枕高枕，同时避免不必要的搬动，尤其要避免头部震动。
2. 将患者摆成稳定侧卧位，确保气道通畅。清理患者口腔中的呕吐物、分泌物，取出活动假牙。
3. 注意保暖，为患者盖好被子，防止受凉。
4. 及时拨打"120"急救电话。

如何将患者摆放成稳定侧卧位?

1 将病人一侧上肢抬起，放在头的一侧，手肘呈直角弯曲。

2 将病人另一手掌搭放在对侧肩上。

3 将搭肩一侧手臂的同侧下肢弯曲，注意防止身体前倾。

4 救助者分别将两手放在伤病者该侧的肩部和膝关节后面固定好。

5 将伤病人水平翻转成侧卧位，使病人的手掌垫在脸下。

＼ 注意 ／

严禁喂水、喂药。一旦发生心脏骤停或呼吸停止，立即进行心肺复苏。

❗ 怎样为伤病者检查脉搏？

　　检查脉搏是家庭急救中需要掌握的一项基本技术，在对伤病人的状况进行初步判断时，以及进行心肺复苏术的过程中，都需要检查脉搏。需要注意的是，对于 1 岁以内的婴儿，检查脉搏的方式和成人及儿童不同。

检查成人及 1 岁以上儿童的脉搏

对于成人及儿童，在 5~10 秒内通过颈动脉是否搏动判断病人有无心跳：

1　找到颈动脉的位置：用一只手的食指、中指轻轻置于病人的颈中部（甲状软骨）中线，然后将手指向一侧滑动至甲状软骨和胸锁乳突肌之间的凹陷处，即是颈动脉的位置。

2　手指稍用力向颈椎方向按压，即可触到颈动脉是否搏动。操作时，在病人的左右两侧颈动脉分别触摸 5 秒，确定有无搏动。

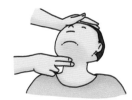

> ＼ 注意 ／
>
> ① 检查颈动脉时不可用力压迫，避免刺激颈动脉窦使迷走神经兴奋，反射性地引起心脏停搏。
> ② 不可同时触摸双侧颈动脉，以防阻断脑供血。
> ③ 时间不要超过 10 秒，对于已无反应的伤病人，马上进行心肺复苏。

检查 1 岁以内婴儿的脉搏

婴儿的颈部肥短，颈动脉较难触摸，应该选择其他大动脉，如股动脉、肱动脉：

1　股动脉位于大腿内侧，腹股沟韧带下方。测量时使婴儿平躺，一只手扶住其胳膊，另一只手的食指、中指放在靠近自己一侧腿的股动脉处，稍加力度。

2　肱动脉位于上臂内侧中央，肘和肩关节之间。测量时将婴儿的手臂打开，一只手固定婴儿手臂，另一只手的食指、中指放置于肱动脉位置，稍加用力。

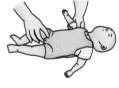

> ＼ 注意 ／
>
> 迅速操作，在 5~10 秒内判断婴儿有无心跳。

❗ 怎样为伤病者检查呼吸、开放气道？

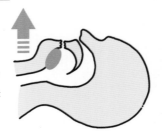

　　当伤病人的意识丧失后，尤其是心跳停止后，全身肌张力就会迅速下降，包括咽部与舌肌的肌张力下降，导致舌肌往后坠落，很有可能阻塞气道，严重者甚至不能呼吸。此时如果将病人的下颌托起，使头部适当后仰，便可使舌体离于咽部，从而使气道开放。

👐 开放气道的两种方法

○压额提颌法

　　用一只手的小鱼际放置在伤病人的前额并稍用力向下压；另一只手的食指、中指并拢，置于伤病人下颌部的骨性部分，将下颌向上提起。成人头部后仰的程度以下颌角与耳垂之间的连线与患者仰卧的平面垂直为宜，此时伤病者双侧的鼻孔朝着正上方，即后仰角度为90°。若患者为儿童，后仰角度应为60°，若患者为婴儿，后仰角度应为30°。

○双手托颌法

　　对于初步怀疑颈椎、脊柱外伤的患者，不宜用上述方法，这时救护者可跪在伤病人头部前侧，双手手指放在伤病人下颌角，拇指在上，四指在下托住，然后稍用力向上托并向前推，抬起伤病人的下颌。

- -

👐 为伤病者清除口腔中的异物

　　如果看到明显的异物，如呕吐物、脱落的牙齿等，应迅速将其取出。可用手指将异物挖出、勾出。如果患者没有脊柱损伤，可将其头部偏向一侧，便于清理口腔异物。

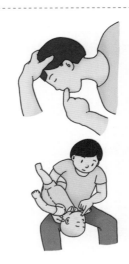

　　为婴儿清理口腔异物时，救助者可取坐位，稍分开两腿，一手托住婴儿的颈肩部，同时将手放于同侧腿上，使婴儿头朝下并面朝救助者的方向，用另一只手较细的手指（如小指）小心地勾出异物。

❗ 怎样进行人工呼吸？

　　如果伤病者已经没有呼吸，这时需要立即进行口对口人工呼吸。注意，在进行人工呼吸之前，必须先清理伤病者口腔中的异物，并开放气道（具体方法见 P116），以保持其气道通畅。接着按下列步骤操作：

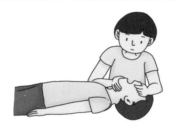

1 口对口人工呼吸是为伤患者提供氧气的快速、有效的急救法。施救者的一只手放在伤患者前额，用拇指、食指捏住伤患者鼻翼，使其嘴巴张开。

2 施救者正常吸一口气，然后用自己的嘴严密包绕伤患者的嘴，尽量避免漏气，向伤患者嘴内吹气，直到其胸部鼓起，吹气时间维持 1~2 秒。

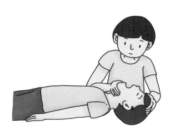

3 移开嘴，松开紧捏伤患者鼻翼的手指，待伤患者胸部回落，"吹气时胸部明显上抬—嘴移开胸部回落"形成一次有效的人工呼吸。

注意

① 切勿吹气时间过长、气量过大，以免胃部膨胀、胃内压增高，从而压迫肺部。

② 操作过程中不要移动伤患者的体位，保持伤病人头部后仰、下颌抬起。

③ 如果吹气时伤患者胸部没有抬起，则须从开放气道开始重新操作。

④ 人工呼吸一般和胸外心脏按压交替进行，以胸外心脏按压和人工呼吸 30：2 的比率进行 5 个循环（约 2 分钟）。

如何对婴儿进行人工呼吸？

1 施救者正常吸一口气，将嘴唇罩住婴儿的口鼻，形成密封。在 1 秒内将气体平稳地吹入婴儿的口鼻内，见其胸廓隆起即可。

2 施救者的嘴离开，观察婴儿的胸廓是否下降。如果吹气时胸廓隆起，吹气结束后胸廓下降，就进行了 1 次有效的人工呼吸。可连续进行 2 次有效的人工呼吸。

⚠ 如何进行胸外心脏按压？

心脏一旦停止跳动，如果得不到即刻抢救复苏，在 4~6 分钟之后就可造成人体重要器官组织不可逆的损伤，超过 10 分钟即会发生脑死亡，失去挽救的机会。因此一旦发现心搏骤停，应立即在现场实施心肺复苏术进行急救。心肺复苏术最重要的操作就是"胸外心脏按压"，其具体操作方法如下：

1　凡不是仰卧位的伤患者，一律需要摆放成仰卧位，使病人仰卧于硬质平面，头部不得高于胸部。转动时必须使整个身体同时转动，避免身体扭曲、弯曲，以防脊柱、脊髓损伤。

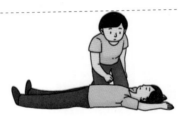

2　救护者跪在伤病人身体的任意一侧，身体正对伤病人两乳头，两膝分开，与肩同宽，两肩正对伤病人胸骨上方，距离伤病人身体的一拳左右。

3　将一只手的掌跟部放置在伤病人胸部正中，中指压在一侧乳头上，手掌根部放在两乳头连线的中点处，不可偏左或偏右。

4　另一只手的掌根放在上一只手的手背上，两手十指交叉相扣，确定手指不会接触到肋骨。

5　以髋关节为支点，利用上半身的力量往下用力按压，两臂基本垂直，使双肩位于双手正上方，肘关节不得弯曲，保证每次按压的方向垂直于胸骨。

6　按压深度至少 5cm（平均按压深度控制在 6cm），相当于胸壁厚度的 1/3，以触摸到颈动脉搏动最为理想。压一下放松一下，待胸廓完全回弹、扩张后再进行下一次按压，同时掌根始终不得离开胸壁，以保证位置的准确。

7　按压的频率为每分钟 100 次（不超过每分钟 120 次），以该频率连续"按压—放松"30 次，保持节奏均匀，按压和放松回弹的时间应该是相同的。

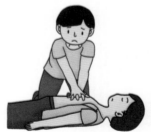

＼ 注意 ／

① 应先拨打"120"急救电话，再进行现场急救，以便救援人员及时赶到。

② 每次按压之后要待胸廓完全回弹、扩张，才能继续进行下一次按压，时间为 1：1。

⚠ 孕妇、婴儿如何进行胸外心脏按压？

孕妇的胸外心脏按压

　　如果孕期已超过 20 周，那么子宫和胎儿的重量便会压迫到位于右腹部的大血管，使下半身的血液难以顺利回流至心脏，全身血流量会因此降低 1/3 至 1/2，严重影响心肺复苏的效果。因此对于孕妇进行胸外按压时，一般需要两人同时进行，按以下方法操作：

1 将伤病孕妇摆放成复苏体位，确定其平躺在坚实的平面上。

2 一人跪在孕妇身体左侧，按照正常方法进行心肺复苏的操作。

3 另一人跪在孕妇身体右边，用手不断地将孕妇的肚子往左边推。

4 如果只有一个人，要想办法将孕妇的右背部垫高 30°，最好选择坚硬的板子，或者任何坚硬、安全的物体，垫在孕妇右背部。

5 如果手边没有东西，救护者可以跪在孕妇右边，把孕妇抱到自己的大腿上，用膝盖及大腿将其右背顶起 30° 高。

婴儿的胸外心脏按压

1 将婴儿仰卧在较硬的平面上，若没有地方，也可以抱着婴儿，用前臂支撑婴儿的背部，使婴儿的头部轻度后仰。

2 将一手的食指、中指并拢，指尖垂直向下进行按压婴儿的胸骨。按压的位置在两乳头连线的中点下一横指处。

3 按压到婴儿胸部下陷 1/3~1/2，然后放松，同时手指不离开婴儿的胸部，待其胸部充分回弹再进行下一次按压。

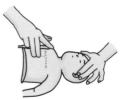

4 按压频率比成人稍快，应在每分钟 100 次以上，一般为每分钟 120~140 次。以这个频率重复按压 30 次。

！气道梗阻，快用"海姆立克急救法"！

如果患者的气道部分被卡住，会出现剧烈呛咳，呼吸困难，甚至可以听到喉咙发出口哨一样的喘鸣声。如果患者的气道完全被卡住，则当即就不能发生咳嗽、呼吸，两手会本能地做出掐住脖子的动作，情况十分危急。这时必须迅速用"海姆立克急救法"进行紧急救助。

站立位的操作（适用于意识清楚的病人）

1 病人取站立位，弯腰并头部向前倾，施救者站在病人身后，一腿在前，插入病人两腿之间呈弓步，另一腿在后伸直，同时两臂环抱病人的腰腹部。

2 施救者一手握拳，拳眼置于病人脐上两横指的上腹部，另一只手固定拳头，并突然连续、快速、用力向病人上腹部的后上方冲击，直至气道内的异物排出或病人意识丧失。

3 如果病人在抢救的过程中发生意识丧失，应立即将其摆成平卧的复苏体位，使用心肺复苏术进行急救。

卧位的操作（适用于意识丧失的病人）

1 将病人摆放成平卧位，抢救者骑跨于病人大腿两侧。

2 将一手掌根置于病人肚脐上两横指处，另一只手重叠于第一只手上，并突然连续、快速、用力向病人上腹部的后上方冲击。

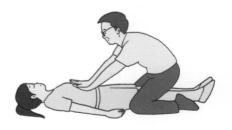

3 每冲击 5 次后，检查一次病人口腔是否有异物。如果发现异物，立即将其取出。

＼ 注意 ／

① 对于肥胖者、孕妇，拳眼或掌根的位置应在病人两乳头连线中点处。

② 冲击的速度维持在 1 秒 1 次，并且要用力，方向向上。

拍背之前，一定要让病人弯腰

有些人会出于本能反应去拍病人的背，此时正确的做法是"弯腰一拍背"。错误的做法是不弯腰就拍背，这样有可能使异物更加深入气道，加重窒息，给病人造成极大的生命危险。

⚠ 周围没人时气道梗阻，如何自救？

成人如果发生不完全性气道异物阻塞，并不会立即丧失意识，这时如果身边没有救护者，一定要趁自己意识尚清醒时（2~3 分钟内）迅速按下列方法进行自救：

1 保持站立姿势，找一个适当高度的硬质椅子，站到椅背处。如果一时找不到硬质椅子，用桌子边缘、窗台边缘，或者任何凸起的柱状硬物都可以。
2 头部后仰，使气道变直，然后将上腹正中抵在椅背顶端，双手扶住椅子，用身体的重量迅速、用力、连续往下按压、冲击，直到异物排出。

👶 婴儿的海姆立克急救法

对于 1 岁以下的婴儿来说，肝脏在肚子中占据了很大的空间，如果使用跟成人一样的海姆立克法，很容易压破娇嫩的肝脏。因此婴儿发生气道异物阻塞时，急救的方法与成人不同：

1 将患儿面部朝下，头部低于身体，臀部朝上，放在救护者的前臂上。

2 救护者用另一手掌根部连续叩击患儿肩胛间区 5 次。

3 将婴儿翻转，保持头低臀高，如发现异物，用手指小心勾出。

4. 如果未发现异物，立即用食指、中指连续冲击患儿两乳头连线中点下一横指处 5 次，再从叩背开始重复以上操作。

＼ 注意 ／

① 在叩背、压胸的操作过程中，要不断检查异物是否已经冲击到口腔内，一旦发现，及时从婴儿口中取出，以免来回翻转婴儿的身体，使已经排出的异物再次卡入气道。
② 取出异物后，如婴儿已经无呼吸，要立即进行口对口的人工呼吸。

燃气泄漏、触电、溺水

⚠ 家用燃气泄漏，该怎么办？

　　一般家庭用的气体燃料，主要是煤气、液化气、天然气三种。燃气泄漏是由意外导致燃气从管道、钢瓶中泄漏在空气中，有可能引发中毒、火灾或爆炸，需要立即采取急救措施，避免生命及财产损失。

燃气的种类及危险性

1　煤气：成分以一氧化碳为主，含有一定比例氢气，容易造成一氧化碳中毒。
2　液化气：全称是液化石油气，主要以短链烷烃为主，一般放到罐或钢瓶中运输。由于其密度大于空气，因此泄漏后容易积存在低洼处，且易形成爆炸混合物，事故率较高。
3　天然气：主要成分是甲烷，比重轻，泄漏时容易散发。甲烷本身无毒，但泄漏后遇明火可能引起爆炸事故。

燃气泄漏的紧急处理方法

1　当闻到强烈的煤气、天然气或液化气的异味时，迅速关闭燃气总阀门，不要试图寻找泄漏源，争取时间保证人身安全。
2　迅速熄灭一切火种，如香烟、蜡烛。严禁开、关电器用具，包括电灯、换气扇、门铃，也不要打开抽油烟机。此时打开任何电器的开关，都有可能导致其产生电火花或电弧引燃、引爆可燃气体。此外，也不要在有燃气泄漏的房间里打电话。
3　立即打开门窗通风。
4　让家人转移到没有燃气异味的安全场所，并在安全区域给燃气公司服务部门打电话报修。
5　待修理妥当、气味散尽后再回到屋内。

> ＼ **注意** ／
>
> ① 绝不可采用火柴或打火机点火的方法寻找燃气器具或管线的漏气处。
> ② 不要进入燃气异味浓烈的房间，以免燃气中毒。
> ③ 不要自行维修燃气器具，如有问题一定要打电话给燃气公司上门检查和维修。
> ④ 记住家中燃气总阀门的位置，学会怎样关闭。如果阀门太紧，不要强行转动，应找燃气公司专业人员来处理。

❗ 家人煤气中毒，如何紧急处理？

煤气的成分主要是一氧化碳，他与血红蛋白的亲和力比氧与血红蛋白的亲和力高，因此能阻碍人体对氧气的吸收，令伤者窒息，并对大脑皮质损伤严重。如果发现家人煤气中毒，迅速按下列方法进行急救：

1 抢救者低姿进入室内，立即打开门窗通风，同时将患者以"爬行法"转移至空气新鲜流通处。

2 如果患者昏迷，将其摆放成"稳定侧卧位"，保持气道畅通，注意保暖。

3 中、重度中毒患者立即吸入高浓度氧。昏迷或抽搐者，可头置冰袋。

4 及时拨打"120"急救电话，尽快将患者送至具备高压氧治疗条件的医院（较大的医院）。

＼ 注意 ／

① 一氧化碳的比密为 0.967，比空气轻，在人的呼吸带以上，抢救者必须低姿爬行进入现场，以防止自己中毒。
② 昏迷时间越长，中毒后果及后遗症越严重，因此一定要快速进行救助。
③ 在"120"急救人员赶到之前，如已被转移至安全环境的患者呼吸停止，应立即进行心肺复苏。
④ 情况较轻的人，应注意保暖，并给予含糖的热饮。

⚠ 家人触电了，怎么办？

触电可致使全身性或局部性组织损伤与脏腑功能障碍甚至死亡。触电时间越长，机体的损伤越严重。在家庭生活中，误触电路、电器漏电以及火灾、雷电、地震、大风等自然灾害都有可能引发触电。一旦发现家人触电，可按下列方法紧急处理：

1 立即使触电者脱离电源，但需注意方法：
· 如果触电位置距离电源开关或电源插销较近，可立即拉电闸或拔出插销。
· 如果位置较远，可用带有绝缘柄的电工钳或有干燥木柄的斧头切断电线，或用干木板等绝缘物插到触电者身下。
· 如果是漏电的电线直接接触到触电者，可用干燥的衣服、手套、绳索、木板、木棒等绝缘物品拉开触电者或拉开电线。

2 如患者已发生心脏骤停，应立即做心肺复苏，同时拨打"120"急救电话。

3 对于电灼伤、出血、骨折等，应进行止血、包扎、固定等处理。

4 即使触电者心跳存在，意识清楚，但自觉头晕、心慌、面色苍白、全身无力等，也应及时送至医院观察。

＼ 注意 ／

① 在确认电源已完全切断之前切勿盲目施救，以免造成救护者不必要的伤亡。
② 如果触电者的衣服是干燥的，并且不贴身，可以用一只手抓住他的衣服，拉离电源。但千万不能碰摸触电者的皮肤和鞋。
③ 严重触电后可呈现"假死状态"，出现心脏骤停、呼吸停止、身体僵直等类似死亡的表现，此时不要放弃抢救，及时进行胸外心脏按压和人工呼吸。
④ 少数触电者当时症状较轻，尔后突然加重，可在24~48小时内出现心脏骤停等迟发性反应。

❗ 家人溺水了，怎么救？

溺水可造成窒息或缺氧，若抢救不及时，4~6 分钟内即可导致死亡。对于溺水的抢救必须争分夺秒，第一时间应给予现场急救而不是送往医院。

1 会游泳者，可从溺水者背部靠近，一只手抱住溺水者的脖颈，用另一只手向岸边游。

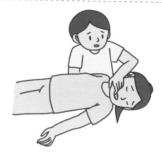

2 迅速将溺水者平放在地面，头偏向一侧，撬开其口腔，清除口、鼻内的异物，松解衣领、纽扣。

3 如果溺水者已经没有呼吸，不要浪费时间控水，要抓紧时间对溺水者进行心肺复苏。

4 自己落水切勿举手挣扎，应仰卧，口鼻向上露出水面；呼气浅，吸气深，可勉强浮起，等人来救。

＼ 注意 ／

① 溺水后容易出现肺炎、心力衰竭等威胁生命的并发症，即使溺水者情况好转，也要及时送往医院进行检查和治疗。

② 不会游泳的人不宜贸然下水施救，可先将系好绳子的游泳圈扔给溺水者，或用长木杆搭救。

③ 未成年人不宜下水救人，应立即拨打"110"和"120"急救电话，并大声呼救。

④ 千万不要让溺水者紧紧抱住自己，万一被抱住，可以先让自己下沉，等溺水者松手后再救助。

创伤出血、骨折、烧烫伤

❗ 动脉出血，快用指压法止血！

外伤出血可分为动脉出血、静脉出血、毛细血管出血。动脉出血的危险性最高，需要用指压法进行紧急止血，其原理是用手指压住出血血管上部（近心端），并用力压在骨骼上，从而使血管闭塞、血流中断，达到止血的目的，适用于头、面、颈、四肢动脉出血。

1 面部出血：拇指压在下颌角前上方约1.5厘米处（咀嚼肌下缘与下颌骨交接处）的面动脉搏动点，向下颌骨垂直压迫。

2 头顶部出血：用一只手的大拇指垂直压迫伤者耳屏（俗称"小耳朵"处）上方1~2厘米处的颞浅动脉搏动点。

3 枕后出血：用一只手大拇指压迫伤者耳后乳突下稍外侧的枕动脉搏动点。

4 肩部、腋窝或上肢出血：用一只手的大拇指在伤者锁骨上窝处向下垂直压迫锁骨下动脉搏动点，其余四指固定肩部。

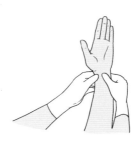

5 前臂大出血：向伤者肱骨方向垂直压迫腋下肱二头肌内侧肱动脉搏动点。

6 手部大出血：双手拇指分别垂直压迫伤者腕横纹上方两侧的尺桡动脉搏动点。

7 手指出血：用一只手的拇指、食指压迫伤者指根两侧的指动脉搏动点。

8 下肢大出血：双手拇指重叠放在伤者腹股沟韧带中点稍下方，用力垂直压迫。

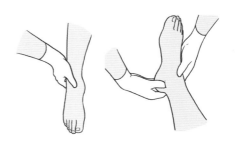

9 小腿出血：用拇指在伤者腘窝横纹中点动脉搏动点处垂直向下压迫。

10 足部出血：一手大拇指垂直压迫足背动脉，另一手大拇指垂直压迫胫后动脉。

＼ 注意 ／

① 指压动脉止血法不宜长时间使用，因为动脉被压闭后，会导致供血中断，有可能出现肢体损伤甚至坏死的情况。

② 压迫的力度以能止血为度，控制住出血后，要立即根据具体情况换用其他的有效止血法。

❗ 加压包扎止血法，最常用！

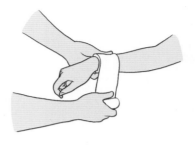

加压包扎法是最常用的止血法，适用于静脉出血、毛细血管出血。动脉出血用指压法进行紧急止血后，也可使用该方法做进一步止血处理。其具体方法如下：

找一块干净的无菌敷料，如果没有敷料，使用干净的手绢、毛巾、洁净的衣物也可以，将敷料压在出血的伤口上，然后用绷带、三角巾等包扎，包扎时要稍微用力，即加压包扎，直到停止出血。

＼ 注意 ／

① 敷料覆盖的面积要超过伤口。

② 敷料的厚度一般在 8~12 层，如果敷料本身的厚度不够，可在上面加盖一层厚纱布、棉垫等。

③ 包扎完毕数分钟之后，要及时检查肢体情况，如果伤侧远端出现青紫、肿胀，说明包扎过紧，应重新调整松紧度，以免造成肢体坏死、神经损伤等不良后果。

填塞止血法

如果伤口较深或伴有动脉、静脉严重出血，出血部位既不能采取指压止血法，用敷料又无法将血止住时，可使用填塞止血法：

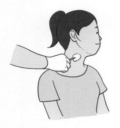  

1 用无菌或洁净的布类、棉垫、纱布等紧紧堵塞住伤口。

2 在堵住伤口的敷料上覆盖一层稍厚的衬垫，如厚纱布等。

3 用绷带或者三角巾等进行加压包扎，松紧度以恰好能止血为宜。

＼ 注意 ／

填塞止血法多用于腹股沟、腋窝、鼻腔、宫腔出血，以及盲管伤、贯通伤组织缺损等。

⚠ 四肢大动脉出血，使用止血带！

四肢大动脉出血后，可先采用指压法进行紧急止血，然后包扎止血带。止血带一般结扎在靠近伤口近心端的完好位置，可有效阻止出血。其包扎方法如下：

1 选择三角巾、围巾、领带、衣服等，折叠成四横指宽的平整条带装。

2 将止血带中点放在上臂，两端平整地向后环绕一周，在下面交叉。

3 交叉后向前环绕第二周，在上方打一个活结。

4 将绞棒插入活结的下面，顺一个方向旋转，至远端动脉搏动消失。

5 将绞棒插入活结套内，再将活结拉紧。

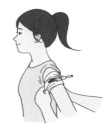

6 最后将止血带两端环绕到对侧打一个结。

7 用记号笔在止血带上标明结扎的时间，立即将伤者送往就近的医院。

＼ 注意 ／

① 止血带松紧要适度，以远程动脉搏动消失、停止出血为度。过紧可造成局部组织损伤。

② 结扎之后，需要每隔 40~50 分钟松绑一次，松解时间为 5~10 分钟，此后在比原结扎位置稍低的位置重新结扎止血带。结扎止血带的总时间不宜超过 3 小时。

③ 止血带的材质为布或橡皮管，禁止将无弹性的绳子、铁丝、电线等当作止血带使用。

④ 如组织已发生明显的坏死，在截肢前不宜松解止血带。

❗ 被利器扎伤，该怎么办？

身体里扎入利器，在日常生活中也经常遇到。首先不要惊慌，不要让伤员活动，更不要拔除利器，以免引起大出血，而应尽量采取固定措施，使异物相对稳定，避免继续深入，防止损伤加重。具体操作方法如下：

1 如果家里有绷带，可在异物两侧各放置一卷绷带。如果没有绷带，可将毛巾折叠成合适的大小代替。

2 用绷带做"8"字加压包扎，也可将三角巾折叠成条带，在中间剪一豁口，从上往下套住异物，再做加压包扎。

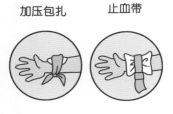

加压包扎　　止血带

3 如不小心已将异物拔出，应立即压迫出血部位进行止血，然后进行加压包扎。

→ 120

4 立即拨打"120"急救电话，等待医护人员前来做进一步处理。

＼ 注意 ／

① 异物处理完毕之后，可能还需要注射破伤风疫苗，应听从医生的诊治。

② 固定好利器之后，抓紧时间将伤员送往医院，千万不要耽搁。

严重腹部外伤导致肠管外溢怎么办？

在腹部损伤较大的时候，如果发生肠管等内脏外溢，这时千万不要把肠管自行塞回腹腔，以免发生严重的感染。可进行简单的包扎，如果家中有干净的盆或碗具，可以用盆或碗具将外溢的肠管扣上，然后将盆或碗具固定住。注意不要挤压外溢的肠管。处理好之后立即拨打"120"急救电话，请求专业救助。

⚠ 亲人割腕自杀，怎样急救？

割腕是企图自杀者常用的方式，与一般的外伤不同，割腕者常常会故意把手腕放在水中，以阻止血液凝固堵住伤口，如果没有人及时发现并采取急救措施，伤者会因失血过多而死亡。家庭成员如果连续一段时间情绪不正常，需要多加留意，以防止意外发生。

割腕最大的危险是持续性出血，因此救护者最需要做的就是迅速止血。可按照下列方法进行急救操作：

1　立即将病人平放，垫高双脚，这样可以使血液集中流向头部和上半身，保证病人的心、脑等重要器官有血液供应。

2　抬高出血的手腕至高于心脏的位置，这样能利用重力作用，减少血液流向伤处，避免或减少血液大量流失。

3　用干净的纱布或毛巾覆盖在伤口上，按住5~10分钟，促使血液凝固。

4　当出血基本停止后的10~15分钟，在原来的纱布或毛巾上再加上一块纱布或毛巾，但千万不要揭掉第一块纱布，以免引起再次出血。

5　加上第二块纱布或毛巾后，用绷带加压包扎伤口。

6　对于出血量大的伤者，需要用止血带止血，绑止血带的位置在伤口往心脏3厘米处，止血带宽度约5厘米，绑好后每隔15~20分钟解绑15秒，以防远端肢体坏死。

7　做完以上处理后立即将伤者送往医院救治。

＼ 注意 ／

① 密切关注患者的呼吸、脉搏，如果停止呼吸，应立即进行心肺复苏术，先救命、再治伤。

② 止血带不能直接绑在皮肤上，使用止血带之前应在皮肤上垫一层敷料、毛巾等柔软的布垫，以保护皮肤。

③ 严禁用电线、铁丝、细绳等过细而无弹性的物品充当止血带。

! 手臂骨折，怎样紧急处理？

手臂骨折是最常发生的骨折之一，需要及时正确的处理，以便日后维持手部动作的灵活性和协调性，恢复日常生活活动能力与工作能力。

怎么知道手臂骨折了？

1 疼痛和压痛：伤处剧烈疼痛，活动时疼痛加重，有明显的压痛感。

2 肿胀：由于出血和骨折端的错位、重叠，会有外表局部肿胀的现象。

3 畸形：骨折时伤肢会发生畸形，呈现缩短、弯曲或转向。

4 功能障碍：骨折后原有的运动功能受到影响或完全丧失，活动幅度受到限制。

手臂骨折的急救方法

1 上臂、前臂及手腕骨折但肘部可以弯曲：让伤者坐下，若上肢麻痹、无力，伸直手臂等到恢复，然后再固定包扎。

2 上臂、前臂骨折且肘部不可以弯曲：让伤者仰卧，将受伤的手臂放于躯干旁，放适量软垫，小心地承托固定。

3 手掌骨折：用软垫保护受伤的手，再进行固定和包扎。

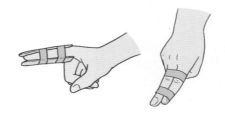

4 手指骨折：用夹板和胶布固定，或者用胶布将伤指与一根健指缠在一起。

＼ 注意 ／

将伤者送往医院的过程中，保持伤者的坐姿或卧姿，不要随意移动。

⚠ 腿部骨折，怎样紧急处理？

腿部骨折常见于运动损伤、车祸、高空坠落、压砸、打击、冲撞、滑倒等意外，很有可能造成行动不便，严重者可能引起永久性损伤，正确的处理有助于后期的恢复。

😣 怎么知道腿部骨折了？

1 腿部骨折会感到剧烈疼痛，出现瘀伤、肿胀，脱位会引起外侧隆起，严重者可能露出断骨。

2 小腿骨折可能出现腿部畸形，骨折线常为斜型或螺旋型，胫骨与腓骨多不在同一平面骨折，此外软组织损伤常较严重。

😣 腿部骨折的急救方法

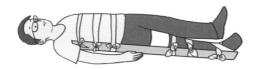

1 大腿骨折：让伤者躺下，将受伤部位包扎后，将长夹板（长度从脚底至腋下）放置于腿外侧，短夹板放置于腿内侧（也可以只用一块长夹板，不用短夹板），在关节和骨突处加上衬垫。用多根绷带或三角巾依次固定骨折处两端、膝关节、小腿中段、踝关节、腹部、胸部，并检查足部感觉、脚趾活动能力及血液循环。及时将伤者送往医院。

2 膝部骨折：用枕头垫在膝下，以让伤者感觉舒服为度，用软垫包裹膝盖周围，再用绷带包扎好，检查好足部感觉、活动能力及血液循环，再送往医院。

＼ 注意 ／

包扎时脚部或脚趾应尽量露出，以便在包扎完之后，每隔 10 分钟检查一次足部感觉、活动能力及血液循环，如包扎过紧，需要松绑并重新包扎，以防造成神经、血管、肌肉等组织的损伤。

3 小腿及足踝骨折：将受伤部位包扎后，将夹板放置在伤肢外侧，如果有两块夹板则内外各放置一块，并在关节和骨突处加上衬垫，用多根绷带或三角巾依次固定骨折处两端、膝关节、踝关节、大腿。

❗ 骨折后没有三角巾，怎样固定?

1 利用外套扣子：解开伤者外套胸口下方的一粒扣子，将伤侧的手穿过衣缝放进衣服，将手腕搭在衣缝下面的扣子上。

2 利用外套衣角：从下往上解开外套，直至将健侧衣角向上折起，能托起伤侧手臂。再用大的安全别针将衣角固定。

3 利用袖子：若伤者身着长袖衬衫，可直接将伤侧手臂斜放在胸前，将袖口用安全别针别在衬衫的胸部或者对侧肩部。

4 利用皮带、领带、背带：用皮带、领带、背带当作"悬带"，将"悬带"系成一个合适大小的圈，套在伤者脖子上。

如何用三角巾制作悬臂带

1.将三角巾展开，一个底角放于健侧肩部，顶角朝向伤侧肘部。

2.弯曲伤侧肘关节，角度略小于90°（即手的位置略高于肘部），使前臂放在三角巾中部。

3.拉起下面的底角向上反折，覆盖前臂，通过伤侧肩部。将两底角在健侧锁骨上窝处打结，使前臂悬吊于胸前。

4.将三角巾顶角旋转后，塞入悬臂带内。

⚠ 发生烧烫伤，如何处理伤口？

　　烧伤是指各种热源作用于人体后所造成的特殊性损伤。一般习惯于把开水、热油等液体烧伤，又称为"烫伤"。烧烫伤在家庭的发生率较高，多发于儿童身上，需要立即进行正确的处理，并及时去医院就诊。具体处理方法如下：

1 使伤者脱离热源或危险环境，置于安全且通风处。

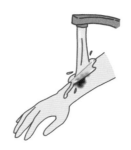

2 尽快用大量冷水冲洗或浸泡创面 20 分钟左右，以中和余热、降低温度、缓解疼痛。但不宜用冰敷。

3 在水中小心地剥除戒指、手表、皮带、鞋及没有黏住伤口的衣服，如有黏连，可用剪刀沿伤口周围剪开。

4 Ⅲ度烧烫伤者，应立即用清洁的被单或衣物简单包扎，避免污染和再次损伤，并迅速送医院。

＼ 注意 ／

① 不要涂抹牙膏、酱油、黄酱、碱面、草木灰等，这些物质没有治疗效果，反而会造成感染，并给诊断造成困难。
② 不要将水疱挑破，以免发生感染。
③ 严重烧伤者可出现呼吸困难甚至窒息，对呼吸停止者需要施行人工呼吸。

烧烫伤的三个度

　　Ⅰ度：烧伤皮肤发红、疼痛、明显触痛、有渗出或水肿，轻压受伤部位时局部变白，无水疱。

　　Ⅱ度：出现水疱，水疱底部呈红色或白色，充满清澈、黏稠的液体，触痛敏感，压迫时变白。

　　Ⅲ度：由于皮肤的神经末梢已被破坏，一般没有痛觉，但烧伤程度最为严重。

❗ 如何搬运伤病人？

　　伤病人经过现场止血、包扎、固定等抢救后，还需安全、迅速、合理地送往医院进行后续救治。如果搬运方法不当，很有可能前功尽弃，造成进一步的伤害，甚至危及生命。因此，要根据伤者受伤的部位和伤情，选择合适的方法进行搬运。

🚶 单人搬运

1.扶行法：让伤者一侧的上肢绕过自己的颈部，用手握住伤者的手；另一只手绕到伤者背后，扶住其腰部或腋下，搀扶其行走。

2.背负法：背向伤员蹲下，让伤员趴在自己背上，然后双手固定住伤者的大腿或握住伤者的手，缓缓起立。适用于体重较轻者。

3.肩扛法：面对站立的伤者，一手固定伤者的同侧手，另一侧上肢插入伤者两腿之间，然后把伤者扛起来，使其伏在自己肩上。

4.抱持法：将一侧手臂放在伤者背后，扶住伤者腋下，使伤者一只手臂搭在自己肩上；另一侧手臂放在伤者大腿下面，抱起。

5.拖行法：将伤者放置于被褥、毯子上，拉着被褥、毯子的两角将伤者拖走。适用于体重较重的伤者，或力气较小的急救者。

6.爬行法：用布条将伤者双手固定在一起。抢救者骑跨在伤者身体两侧，将伤者两手套在抢救者颈部，双手支撑地面爬行。

双人搬运

1. 双人扶行法: 抢救者分别站在伤者两侧, 将伤者的两臂绕过抢救者的颈部, 用手握住伤者的两手; 另一只手绕到伤者背后, 扶住其对侧的腰部或腋下, 搀扶其行走。

2. 双手坐: 抢救者分别将一侧的手伸到伤者背后, 并抓紧伤者的腰带; 另一手伸到伤者的大腿下面, 并握住对方的手腕。同时站起, 先迈外侧腿, 保持步调一致。

3. 四手坐: 抢救者各自用右手握住自己的左手腕, 再用左手握住对方的右手腕。让伤者坐在抢救者相互紧握的手上, 同时两臂分别绕过两名抢救者的颈部或肩部。

4. 前后扶持法: 一人在伤者背后, 两臂从伤者腋下通过, 环抱胸部; 另一人背对伤者, 站在伤者两腿之间, 抬起伤者的两腿。两名抢救者一前一后步调一致地行走。

多人搬运

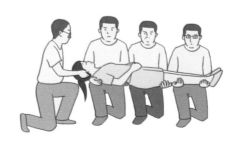

1. 四人水平抬: 每侧两人, 面对面站立, 将手在伤者身下互握并扣紧, 一起抬起。

2. 平抬上担架: 多人分别托住伤者的头部、胸背部、腰臀部、下肢, 合力抬起和放下。

中毒、咬蜇伤

! 发生食物中毒，如何急救？

如果吃了变质的或含有毒素的食物，有可能会引发消化系统、神经系统及全身中毒的急性病症，即食物中毒。其特点是潜伏期短，突然发作。可按下列方法进行急救：

1 用手指或筷子伸向喉咙深处刺激咽后壁、舌根，进行催吐。

2 不可自行乱服药物，应争分夺秒，立即送往医院进行抢救。

3 去医院时带上怀疑为有毒食物的样本，或者保留呕吐物、排泄物，供化验使用。

4 如果患者中毒较轻，神志清醒，可以多饮水、葡萄糖水或稀释的果汁。

＼ 注意 ／

① 如果是吃了变质的鱼、虾、蟹等引起的食物中毒，可立即取食醋 100 毫升，加水 200 毫升稀释后一次服下，并及时就医。

② 如果患者出现呼吸困难甚至呼吸停止，立即进行心肺复苏术。

哪些食物可以导致食物中毒？

· 生豆角：含有皂苷和红细胞凝集素，具有凝血作用，当烹调未熟透时，食后容易引起中毒。

· 含亚硝酸盐的食物：亚硝酸盐存在于腐烂蔬菜及放置过久的煮熟蔬菜、刚腌不久的蔬菜、肉类中。

· 鱼胆：出现恶心、呕吐、上腹疼痛、腹泻等症状，并伴有肝脏损害，出现肝脏肿大、黄疸。

· 毒蘑菇：我国有 100 种左右毒蘑菇，其中可引起严重中毒的有 10 种。

⚠ 发生酒精中毒，如何急救？

　　酒精（乙醇）中毒是日常生活中最常见的中毒之一，俗称"醉酒"。由于一次性饮用大量酒精饮料，导致中枢神经系统的兴奋及抑制状态，以及呼吸系统、循环系统功能紊乱。可导致胃黏膜损伤，或因剧烈呕吐导致贲门撕裂症，还可诱发急性胰腺炎、急性肝坏死、心绞痛、急性心肌梗死、急性脑血管病、肺炎等，重者可因呼吸中枢麻痹而死亡。

急性酒精中毒的三个分期

1　兴奋期：眼部充血、面部潮红或苍白、头晕、呕吐、言语增多、言语含糊不清或出现暴力行为，有些人表现为嗜睡。此期血液中酒精浓度为 0.5~1.5 克 / 升。

2　共济失调期：动作笨拙、步态不稳、语无伦次、血压增高、嗜睡。此期血液中酒精浓度为 1.5~2.5 克 / 升。

3　抑制期（昏迷期）：意识不清或丧失意识、面色苍白、皮肤湿冷、口唇微紫、心率增快、血压下降、瞳孔放大，重者抽搐、昏迷、大小便失禁、呼吸衰竭甚至死亡。此期血液中酒精浓度为 2.5 克 / 升以上。

急性酒精中毒的急救方法

1. 兴奋期与共济失调期的醉酒者，取侧卧位休息，保持安静，避免受凉。

2. 可吃些梨、橘子、西瓜、萝卜等，有解酒作用，并能补液利尿。

筷子
压舌板
刺激舌根催吐

3. 兴奋期和共济失调期可以催吐，但昏迷期禁止催吐或口服洗胃。

4. 必要时及时拨打"120"急救电话。

＼ 注意 ／

① 当发现醉酒者出现烦躁、昏睡不醒、抽搐、呼吸微弱时，已不宜自行救护，应立即送医院救治。

② 不要接近有暴力行为倾向的酒精中毒者，必要时报警，请警察协助救治。

❗ 安眠药中毒，该怎么办？

急性催眠及安定类药物中毒，是指使用该类药物的剂量超过标准而引起的中毒，包括意外、蓄意过量服用及滥用。中毒反应主要为抑制中枢神经系统，并抑制呼吸系统及循环系统，严重者可死亡，是最常见的自杀形式之一。如发现有人过量服用安眠药，可按下列方法进行急救：

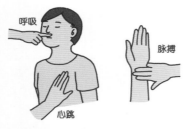

1 检查病人的呼吸、心跳和脉搏。

2 对于未昏迷者，立即进行彻底催吐或口服洗胃。

3 如果病人已经昏迷，将其摆放成"稳定侧卧位"，保持呼吸道畅通。如果病人口腔中有异物，可用手指掏出。

4 拨打"120"急救电话，等待医护人员前来救治。

＼ 注意 ／

① 采集和携带病人呕吐物或胃内首次洗出液、尿液，以及药瓶、残留药物、药物说明书等一同去医院，以供进行毒物鉴定。

② 对于昏迷者，严禁进行催吐和洗胃。

安眠药中毒的三个程度

·轻度中毒：嗜睡、判断力及定向力障碍、步态不稳、言语不清，可出现眼球震颤。

·中度中毒：浅昏迷、呼吸浅慢，血压仍可正常。

·重度中毒：深昏迷、瞳孔缩小、肌张力增高，晚期全身肌张力下降、瞳孔散大、呼吸浅慢不规则、休克，甚至死亡。

⚠ 被猫狗咬伤或抓伤，怎么办？

猫狗是家庭中最常见的宠物，一旦被猫狗咬伤或抓伤，很容易导致感染，甚至染上狂犬病。即使看起来健康的猫、狗，也有5%~10%带有狂犬病毒，而人一旦感染狂犬病毒发病后死亡率为100%，因此不可掉以轻心。被猫狗咬伤或抓伤后，要立即进行紧急处理：

1 立即用20%的肥皂水不断冲洗、擦拭伤口，再用大量流动的清水冲洗至少20分钟，同时尽力挤出污血。

2 用2%~3%的碘酒或75%的酒精局部消毒。

3 不要包扎伤口（除了伤及血管需要止血外），立即前往医院治疗。

4 全程注射人用狂犬病疫苗共5次，分别为被咬伤当日，第3、7、14及30日。

╲ 注意 ╱

① 猫狗咬的伤口往往外口小，里面深，冲洗时可尽量把伤口扩大，让其充分暴露，并用力挤压伤口周围软组织。冲洗的水流要急，水量要大。
② 狂犬病毒是厌氧的，不可包扎伤口。
③ 遵循"先清洗，再止血"的原则。

狂犬病有哪些症状？

早期可出现周身不适、低热、头枕部疼痛、恶心、乏力等酷似感冒的症状。随着病毒的的发展，后期时会感染至大脑，出现一系列神经兴奋与麻痹症状，包括恐惧不安，对声、光、风、痛较敏感，恐水，咽肌痉挛，进行性延髓瘫痪，病人可因呼吸循环衰竭而死亡。

⚠ 被蛇咬伤，如何紧急处理？

毒蛇咬人后，会将毒液注入咬伤的伤口，经淋巴液和血液循环扩散，引起局部和全身中毒，乃至威胁生命。蛇毒液的毒作用机制复杂，主要有神经毒、血液毒、肌肉毒等。由于毒蛇毒性甚强，若处理不慎，常危及生命。具体紧急处理方法如下：

1 保持镇静：被咬伤者千万不要惊慌、大声惊呼、奔走乱跑会加速毒液的吸收和扩散。尽可能辨识咬人的蛇有何特征。

2. 立即缚扎：用止血带或橡皮管（紧急时可用毛巾、手帕、衣服上撕下的布条）缚扎于伤口近心端上 5~10 厘米处。

3. 切开伤口：用肥皂水清洗伤口，再用消过毒的刀片在牙痕处做长 1 厘米的"十"字形切口，不要挤压，待血自己流出。

4. 立即送医：分秒必争将伤者送往有抗蛇毒血清的医疗单位接受救治，途中可口服蛇药片。

＼ 注意 ／

① 被蛇咬伤后的病人切勿饮用酒、茶、咖啡、运动型功能饮料等含兴奋成分的饮料，以免加速毒液的吸收和扩散。

② 切勿用嘴吸出毒液。

蛇毒有哪些种类？

· 神经毒：银环蛇、金环蛇、眼镜蛇等分泌。牙痕小，仅有麻痒感，局部症状不明显，1~3 小时内出现全身中毒症状。

· 血液毒：五步蛇、蝰蛇、竹叶青蛇等分泌。局部疼痛、肿胀明显，可迅速蔓延到整个肢体。

· 肌肉毒：有毒的海蛇等分泌。具有神经毒作用，恢复期较长。

· 混合毒：眼镜蛇、眼镜王蛇、蝮蛇、有毒的海蛇等分泌。

⚠ 被蜇伤了，该怎么办?

外出野游时如果被蜂蜇伤，严重的可发生过敏反应，出现荨麻疹、喉头水肿、支气管痉挛等，甚至可因过敏性休克、血压下降、窒息而致命。因此，在被蜂蜇伤后一定要及时处理，切不可掉以轻心。

🐝 蜂蜇伤

蜂类毒液的成分复杂，可含有神经毒素、溶血毒素等。

〇 被蜂类蜇伤，根据症状轻重，伤者会出现以下反应：

· 轻症者：伤口有剧痛、灼热感，有红肿、水疱形成，1~2 天自行消失。
· 过敏者：出现麻疹、口唇及眼睑水肿、腹痛、腹泻、呕吐等症状，可伴有喉水肿、气喘。
· 重症者：出现少尿、无尿、心律失常、血压下降、出血、昏迷等症状，甚至呼吸衰竭而死亡。

〇 被蜂蜇伤后，可按下列方法紧急处理：

1 用肥皂水或清水清洗、消毒伤口。
2 用消毒针将残留在皮肉内的断刺剔出，以减轻毒性反应。
3 可用南通李德胜蛇药以温水溶后涂在伤口周围。
4 有过敏反应者及休克者应立即送入医院治疗。

🐙 海洋生物蜇伤

水母是目前已知毒性最强的海洋生物之一，很多水母的毒素都非常猛烈。由于水母的触手很长，引起的皮疹多呈线状、条带状、鞭痕状、缠绕状或者锯齿状，数条至数十条不等。若全身多处被刺蜇，可出现肌肉痛、呼吸急促、胸闷、口渴等。对毒素敏感者甚至会死亡。

〇 被水母蜇伤后，可按下列方法紧急处理：

1 如果在水中被水母蜇伤，不要慌张，立即上岸。水母往往成群游动，切勿继续待在水中。
2 除去附着在皮肤表面的残存刺细胞，可用干布或干沙将局部用力擦试干净，把尚未释放的刺细胞彻底清除，也可用木片把附着的刺细胞或触手刮除，还可用无菌生理盐水冲洗伤口以防止刺细胞激活。
3 刺细胞失活后，可涂抹剃须膏、苏打及滑石粉，等 1 小时以融合刺细胞，然后用钝器（如汤勺）刮擦，也可用黏附性好的胶带将其黏掉。
4 如果病人出现休克症状，先进行抗休克处理，然后立即送往医院治疗。

> ＼ **注意** ／
>
> 在沙滩上看到类似水母的搁浅物，千万不要因为好奇而靠近观看，更不要用手触摸。

突发心脑血管病

❗ 发生脑中风，怎样急救？

1 对于意识清楚的病人，现场可检查以下三项：

笑一笑：让病人笑一笑，看病人有无口角喎斜、不对称，判断有无面瘫。

抬一抬：让病人平举双臂，看有无一侧肢体不能抬起，判断有无偏瘫。

说一说：让病人回答问题或重复简单的句子，判断有无失语。

2 绝对卧床，勿枕高枕，保持安静，避免不必要的搬动，尤其要避免头部震动。

3 保持气道通畅，松开领口，千万不要喂水、喂药；昏迷者应采取稳定侧卧位。

4 拨打"120"急救电话，迅速将病人送入医院，经CT检查确诊后治疗。

＼ 注意 ／

① 发生脑中风时，不要搬动病人，否则会加速血管的破裂。

② 患者若出现大小便失禁应就地处理，注意不要移动上半身。

③ 给患者保暖，同时密切观察脉搏、心跳，一旦心跳停止立即进行心肺复苏。

❗ 发生心绞痛，怎样急救？

　　心绞痛是冠心病的常见急症之一，是由于供应心脏血液和营养的冠状动脉发生急剧的、暂时的缺血与缺氧，引起心脏细胞功能异常的临床综合征。其表现为胸骨后闷胀感、伴随明显的焦虑，持续 3~5 分钟，常散发到左侧臂部、肩部、下颌、咽喉部、背部，也可放射到右臂。心绞痛发作时应立即采取以下应急措施：

1　停止一切活动，安静休息，去除诱因，如精神刺激、焦虑、恐惧，同时避免不必要的搬动。

2　解开病人的衣领与腰带，缓解病人的疼痛，并注意保暖。

3　即刻用硝酸甘油片（0.5 毫克）舌下含服，也可用消心痛（10 毫克）舌下含服，一般 1~3 分钟起效。

4　如有条件可给病人吸氧，并及时将病人送往医院或拨打"120"急救电话。

＼ 注意 ／

　　① 血压下降、心率过快或过慢、右室心肌梗死及 24~48 小时内服用过"伟哥"的病人禁止舌下含服硝酸甘油。

　　② 大多数心绞痛一次发作时间不超过 10 分钟。如病人经处理后症状不缓解，甚至加重，应怀疑为"急性心肌梗死"，此时不能自己去医院，要立即拨打"120"急救电话。

❗ 发生急性心肌梗死，怎样急救？

冠心病患者如果出现了不明原因的晕厥、呼吸困难、休克等，都应首先想到可能是急性心肌梗死发生了。急性心肌梗死是由于冠状动脉粥样硬化、血栓形成或冠状动脉持续痉挛，使冠状动脉或分支闭塞，导致心肌因持久缺血、缺氧而发生坏死，可并发心律失常、休克或心力衰竭，常危及生命，有可能发生猝死，必须立即进行现场急救。具体方法如下：

1 迅速呼救，并拨打"120"急
救电话。

2 如果患者意识清醒，可令其深呼吸，
然后用力咳嗽，可起到与胸外心脏按
摩相同的效果。

3 绝对卧床，保持镇静，不要搬动病人
强行去医院，同时解开病人的衣领、
腰带。休克病人需开放气道。

4 可酌情选用阿司匹林 100~300 毫克嚼
服，以限制心肌梗死的范围。

＼ 注意 ／

① 对阿司匹林过敏，或有主动脉夹层、消化道出血、脑出血等病史者，不能服用阿司匹林。
② 在等待医护人员赶来期间，密切观察病人的情况，如出现面色苍白、手足湿冷、心跳加快等
情况，多表示已发生休克，此时应保证病人气道畅通。如病人心脏骤停、呼吸衰竭，不可晃动
呼叫病人，而应采用徒手心肺复苏术急救。

! 突发高血压，怎样急救？

很多高血压病人的植物神经系统处于不稳定状态，因此大多具有脾气急、肝火旺、心跳快等特点，尤其是初发高血压的中壮年人，情绪稍一激动，血压就会骤升。老年高血压病人由于对环境适应能力较差，也容易出现血压骤升。发病时，病人会突然感到头痛、头晕、视物不清或失明、恶心、呕吐、心慌、气短、面色苍白或潮红、两手抖动、烦躁不安；严重者可出现暂时性瘫痪、失语、心绞痛、尿混浊；更严重者则抽搐、昏迷。周围的人必须立即采取急救措施：

1 立即服用短效降压药，如心痛定、开博通等，以防意外发生。

2 保持镇定，不要刺激病人情绪，让其采取半卧位，头部抬高，尽量避光，安静休息。

3 病人若神志清醒，可立即服用双氢克尿噻2片、安定2片，或复方降压片2片，少饮水。

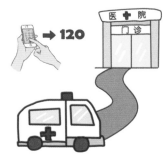

4 尽快送病人到医院进行治疗。

＼ 注意 ／

① 如果病人服用短效降压药后血压不降低，要及时去医院就诊。
② 服药后注意为病人保暖，如果有条件可以吸入氧气。
③ 如果病人呼吸道分泌物较多，需要及时清理，保持呼吸道畅通。

儿童遇险

❗ 有陌生人敲门，该怎么办？

如果孩子独自在家时，有陌生人来敲门，可按下列方法进行应对：

1 轻轻地把门从里面反锁好，并把门锁下面的防盗链挂上，然后从窥视器中向外观望，看是否认识敲门的人，不要轻易应门和开门。
2 万一已经应了门，可继续问他是谁，并假装呼叫大人，让陌生人觉得家中有大人在。
3 不要告诉陌生人任何事情，可说爸爸妈妈在忙事情，没空来开门，请他下次再来。
4 无论陌生人以何种理由让你开门，都不要相信。
5 如果陌生人还不离开，可以打电话给邻居，或拨打"110"报警。

- -

孩子在上下学的路上，如果遇到陌生人前来搭讪，要告诫孩子按下列方法进行应对：

1 陌生人问路时，可以告诉他怎么走，但千万不要为他带路，即使要去的地方很近也不能去。
2 当陌生人向你打听事情时，如果是大家都知道的、不泄漏家庭信息的事情，如附近商店几点开关门，有没有几路公交车等，可以告诉他。如果陌生人打听家事，千万不要告诉他。
3 如果有陌生人向你借东西，可以借给他小物品，如钢笔、纸张等，但不可以借给他钱和贵重的物品，更不能将陌生人领到家里去，哪怕他说只是去喝口水或借个针线。
4 如果陌生人以各种理由让你跟他走，比如说"我是你妈妈的同事，她有事在忙，所以让我来接你"，不要相信，也不要慌张，想办法通知身边最亲近的成年人，如老师或家长，让他们帮你证实信息并保护你的安全。绝不要跟陌生人走或把任何东西交给他。

╲ 注意 ╱

① 家长平时可用适当的方式告诉孩子死亡是怎么回事，让孩子知道社会上有歹徒，并且让孩子明白，当面对生命和财产两难的选择时，应该首先选择生命。
② 教孩子拨打"110"报警电话的正确方法，同时教育孩子没事时不可报假警，这样会让真正遇险的人丧失获救的机会。此外，还要让孩子熟记几个可信赖的成年人的名字、电话。
③ 告诉孩子，如果遇到陌生人侵害，即使顺利脱险，也一定要及时告诉家长，不能事后不言不语。

❗ 孩子被拐卖，该怎么办？

👧 孩子被拐卖后，家长可以做什么？

1 马上全家出动去寻找，不过至少要留一个人在家里等待，以防孩子自己回家。

2 到孩子消失的最近的广播站进行广播，一定要把孩子的特征讲清楚。

3 如果走失的是小学生，可以先向其同学打听下落，然后再报警。

4 确认遭到拐卖后，尽快组织家人去追赶，各个火车站、汽车站都不要放过。人贩子抱走孩子后，会尽快离开事发地，所以，一定要迅速赶到车站，有可能把人贩子截住。

＼ 注意 ／

在车站寻找自己的孩子时要把眼睛"尖"一些，人贩子往往会给孩子换一身衣服，或者打扮得跟以前很不一样，甚至把小男孩扮成小女孩，家长一定要仔细看脸，以免错过。

👧 被拐卖后，孩子可以怎样自救？

1 平时经常告诉孩子，如果被陌生人抱走，在人多的地方可以大声叫喊，引起注意。

2 如果是在人烟比较稀少的地方被拐，教孩子看到周围没有人的情况下不要反抗，应该装作听话，以免刺激人贩子，使自己遭到危险。

3 教孩子到人多的地方后闹着下车上厕所，到街上寻找机会往警察或者穿制服的人身边跑，并大喊救命。人贩子看到穿制服的就会心虚不敢去追。

4 想办法给家人或警方报信，在沿途抛下书包里的文具、书籍及随身所穿的鞋、帽等，寻找机会拨打父母电话或发送短信，告诉父母自己所在地附近的标志性的建筑或标志。

5 在人贩子联系买家见面时，孩子可乖巧些，并寻机告诉买家自己是被拐卖的，争取博得买家的同情，让买家帮你报警或通知父母。

👧 家长平时应如何防止孩子被拐卖？

1 家长带孩子外出时，要随时注意孩子是否在自己身旁或在视线范围内，并且不要带孩子到人多拥挤的场所，以免让坏人钻空子拐走孩子。

2 即使有急事，也不要让陌生人照看孩子，即便时间很短。

3 如果家长忙于工作没有时间照看孩子，孩子单独留守在家时，一定要告诉孩子如果有陌生人敲门不要开，更不能答应陌生人的邀请。

4 告诉孩子对陌生人给的任何东西都不能接受，也不能能吃、喝陌生人给的食物或饮料，更不能跟陌生人到陌生的地方，尤其不要相信"我是你爸爸妈妈的好朋友"等说法。

❗ 遭受校园欺凌，该怎么办？

🧑 面对校园欺凌，孩子可以做什么？

1 沉着冷静，采取迂回战术，尽可能拖延时间。

2 人身安全永远是第一位的，不要去激怒对方。必要时向路人、同学、老师呼救求助。

3 顺从对方的话去说，从其言语中找出可插入的话题，缓解气氛，分散对方的注意力，同时获取信任，为自己争取时间。

4 上下学尽可能结伴而行。

5 穿戴用品尽量低调，不要过于招摇。不主动与同学发生冲突，一旦发生及时找老师解决。

6 如果在学校附近遭遇拦路勒索、以大欺小的事情，不要惊慌，如果有可能，迅速逃到能保证安全的地方，或者向周围的人呼救。如果无法逃脱，不要盲目反抗，可将少量财物交给歹徒，同时仔细记下其相貌、身高、口音、衣着、逃离方向等，事后报警。

🧑 家长如何发现孩子受到校园欺凌，怎样解决？

○ 语言欺凌

· 孩子的遭遇：被他人用粗鲁的语言辱骂、威胁，或者被无礼地评论某些身体特征。

· 孩子的异常表现：孩子突然变得有些忧郁，食欲也不如以前。

· 家长可这样处理：首先，教孩子懂得"尊重"的重要性，最好身体力行。其次，强调自尊，帮助孩子欣赏自己的长处。最后，和孩子一起讨论可以采取哪些方式加以回应。

○ 身体欺凌

· 孩子的遭遇：被人以一种不当的攻击性方式反复地殴打、踢踹、绊倒、阻拦、推搡、触碰等。

· 孩子的异常表现：出现不明原因的割伤、抓伤或擦伤，衣物经常丢失或损坏。

· 家长可这样处理：从一次随意的谈话开始，问问学校里都发生了什么事情，看孩子是什么反应，强调孩子与家长、老师进行开放沟通的价值。不要自己联系欺凌者的父母来解决问题，但可以从校外获得额外的援助，比如联系当地的执法部门。

○ 关系欺凌

· 孩子的遭遇：被某个人或者某个群体、组织故意排斥，如不被允许一同进餐。

· 孩子的异常表现：孩子的情绪发生变化，远离同龄人群体，比以往更喜欢独处。

· 家长可这样处理：和孩子谈一谈每天过得怎么样，让这种谈话成为每晚的例行公事，放大正能量，让他知道有人爱他、关心他。帮助孩子找到兴趣所在，发展在课外活动上的才能，如参加少年宫、绘画班，鼓励孩子在校外建立人际关系。